卡耐基写给女人一生的幸福忠告

[美] 戴尔·卡耐基◎著　　梁珍珍◎译

全新
精校精译本

THE ADVICE OF PERFECT
LIFE FOR WOMAN

古吴轩出版社

中国·苏州

图书在版编目（CIP）数据

卡耐基写给女人一生的幸福忠告／（美）戴尔·卡耐基著；
梁珍珍译．—苏州：古吴轩出版社，2016．9
ISBN 978-7-5546-0742-8

Ⅰ．①卡…　Ⅱ．①戴…　②梁…　Ⅲ．①女性—幸福—通俗
读物　Ⅳ．① B82-49

中国版本图书馆 CIP 数据核字 (2016) 第 201494 号

责任编辑：蒋丽华
见习编辑：薛　芳
策　　划：张　历
装帧设计：沈加坤

书　　名：卡耐基写给女人一生的幸福忠告
著　　者：[美] 戴尔·卡耐基
译　　者：梁珍珍
出版发行：古吴轩出版社
　　　　　地址：苏州市十梓街458号　　　邮编：215006
　　　　　Http://www.guwuxuancbs.com E-mail：gwxcbs@126.com
　　　　　电话：0512-65233679　　　　　传真：0512-65220750
出 版 人：钱经纬
经　　销：新华书店
印　　刷：三河市兴达印务有限公司
开　　本：900×1270　1/32
印　　张：8
版　　次：2016年9月第1版　第1次印刷
书　　号：ISBN 978-7-5546-0742-8
定　　价：32.80元

如发现印装质量问题，影响阅读，请与印刷厂联系调换。0316-3515999

自序

从逆境中崛起

三十五年前，我靠推销卡车过活。可是，我对卡车的工作原理一点儿也不懂，不仅如此，在我心里，我根本就不想弄懂那些讨厌的玩意儿。那时，我收入很少，生活困顿，不得不蜗居在西大街56号的一间廉价出租屋里。

那个让我深恶痛绝的屋子不仅十分简陋，而且环境极为恶劣——墙壁上、地面上，到处都爬满了蟑螂。它们张牙舞爪、横行无忌，这场景实在令人作呕。我那仅有的几条褪了色的领带，极不情愿地"待在"泛黄的、斑驳的墙壁上。

一天上午，当我伸手去取其中的一条领带时，受惊的蟑螂成群结队地四散奔逃。那种情形让我目瞪口呆、不知所措，甚至现在想起那一堆堆的蟑螂，我仍然脊背发凉、不寒而栗。那时，我怨天尤人，每天长吁短叹，看不起自己，也看不起自己的工作——正是推销卡车这种低劣的工作，让我不得不蜷缩在比贫民窟强不了多少的地方，让我只能去肮脏不堪、四处漏风的低等饭馆里吃劣质饭食。

想想都让人恶心，满地的蟑螂，满屋子的苍蝇、蚊子，以及各种腐臭难闻的气味，你怎么可能有食欲？！毫无疑问，那时，我是全纽约市里最不快乐的年轻人。

难道这就是生活？难道我的一生就注定要这样度过？干着一份备受歧视的活儿，住着蟑螂遍地的廉租房，吃着劣质的、没有一点儿营养的饭食……想着想着，我的头越来越疼，简直快要裂开了。我的这种头疼无药可治，它完全是沮丧、绝望、愤愤不平等心理因素导致的。而这就是我每天晚上孤零零一个人钻进那个凄苦冷清的栖身之所后必定要经历的煎熬。

老实说，最让我难以忍受的是，我在大学时期的那些瑰丽的梦想全都打了水漂……我渴望有空闲时间可以读书，渴望重拾大学时代的写作梦想。

我在心底对自己说，扔掉这个让我抬不起头的工作实在没有什么大不了的。我只想拥有一个多彩的人生，并不太在乎能赚多少钱——简言之，我要自己创业！

凭着年轻人的那股初生牛犊不怕虎的冲劲儿，我很快就做出了这个决定。现在看来，正是那个略显匆忙的决定彻底改变了我的生活，成就了现在的自我。那个决定使我绝处逢生，令我享受了过去三十五年的愉快时光，那种幸福感无疑是原先自怨自艾的我无法体会，也难以想象的。

那么，是什么促使我做出了那一伟大决定？不推销卡车，那我如何谋生？这得感谢教育，我有幸在密苏里州瓦伦堡州立师范学院上了四年大学。这真是不幸中的万幸！我有师范生的根基，我可以去当老师。

我设想着，我可以去夜校给成人上课。那样，我肯定会有许多闲暇来读书，我还可以举办讲座，写长篇小说或短篇故事。我梦想着"为生活而写作，为写作而生活"。那时，我觉得活人总不能让尿憋死了，上帝总会给我留条活路。

我自信满满地对自己说，我在大学里接受了对每个人的工作和生活都极有帮助的公众演讲训练。这显然是比大学里开设的其他课程更有价值的课程——这是我的肺腑之言。我从公众演讲里获益良多。演讲，改变了我原本胆小如鼠、畏首畏尾的个性，帮助我建立了自信，增加了我主动与人交往的勇气，培育和提高了我的人际交往技巧。

接受公众演讲训练的经历也生动形象地展现出，一个领导者，一定是勇于在公众面前从容不迫、条理分明地表达其思想的人。因此，我可以在夜校里开设这些方面的课程，给学生讲授公众演讲的方法——这就是我摆脱那份让我郁闷的工作之后全部的想法。

然而，理想很高远，现实却让我倍受打击。我满怀豪情地向纽约大学和哥伦比亚大学的夜校班申请讲授公共演讲课的教席，不过，这两所全美知名的高等学府都以"人员已满，不需要另聘教师"为由而将我拒之门外。

消息传来，我就如冷水泼头一样失望到了极点。不过，这也许是命运和我开了个小小的玩笑。毋庸讳言，此时此刻，我由衷地感谢上帝，感谢他没有让我被那两所高校录取。否则，我很可能就没有机会去基督教青年会（Y.M.C.A.）的夜校上课。

基督教青年会夜校需要的，是具备真才实学的人。并且，来这里上学的成人学员，也都是想要摆脱在社会上受人歧视的境遇的有志青年。他们来这里的目的非常明确：拿到大学文凭，并且解决自己遭遇的问题。

在这些人中，普通职员期盼自己能在即兴发言时，不会刚说了一两句就因为怯场而晕倒在地。推销员期盼自己鼓起拜访"难对付客户"的勇气，掌握拿下"难对付客户"的沟通秘诀，而不必在这类客户的楼下转了无数圈之后才有勇气上楼推销。

总之，来这里的人都抱着明确的实用目的：他们想要重塑自我形象，重建自信；他们想要事业有成，赚更多的钱来养活妻子和孩子。不仅如此，他们还用分期付款的方式支付我的授课费用。如果他们觉得我的这门课对他们没有多大帮助，就会果断地停止付钱。

上帝啊，你清楚，众口难调。不过，我既然领了分红——这只是利润的一部分，而非月薪，那么，假如我还想保住饭碗并尽可能的多挣钱，就不得不拼了命地授课。说老实话，这份工作很有挑战性，让我觉得压力山大。

我要谋生，我需要让学员心甘情愿地继续掏钱来上课，所以，我就非得不断地激发他对这门课的兴趣。前面说过，这是一帮出奇务实的家伙。他们只看结果，他们想要让我帮他们解决与这门课有关系的一切问题。

没有办法，我只能绞尽脑汁，尽可能地让自己说的每句话、上的每节课，都会让他们有一种醍醐灌顶、豁然开朗的感觉。我心知肚明，除非我时时处处都能做到让他们眼前一亮，觉得没有白花钱，否则我只能卷起铺盖走人。

起初，我觉得这样上课太憋屈、太郁闷。不过，回过头来看，我惊喜地发现，那样上课实在是一种弥足珍贵的磨炼。

没过多久，我就发现了这份工作的乐趣，很自然地，我也越来越喜欢这份工作了。眼见那些原本失意的人在我的精心点拨下，以闪电般的速度重拾自信，迅速成长，晋升加薪，工作、生活重新变得有滋有味，我由衷地为他们高兴，同时也大感意外。

那些课程所取得的巨大成就，完全出乎我的意料。谦虚一点说，也许，我从一开始就深知，我所开设的那些公共演讲课程一定会赢得成功。可是，我万万没有预料到，也难以想到，它们竟会如此成功！

在三个班的学员圆满完成公共演讲课的学习任务之后，基督教青年会主动提出，除了每晚五美元的课时费之外，他们很乐意再给我每晚三十美元的分红。看到自己的工作取得了实效，获得了雇主的认可与嘉奖，我高兴极了，工作也自然更卖力了。

除了教公共演讲课之外，我还从自己的教学经验出发，着手为成年人编写他们迫切需要的关于如何赢得友谊和影响他人等的人际关系方面的实战指导书。就这样，我写成了一本教材，我把它取名为《人性的弱点》。它是基于我在公共演讲课上与无数学员的交流沟通和观感体验而编写成的。

起初，《人性的弱点》只是我为自己的成人班编写的一本普通的教材。此外，我还编写了其他四本同样广受好评的书，《卡耐基写给女人一生的幸福忠告》即其中的一本。《人性的弱点》系列图书竟会达到如此之大的销量，这实在是我始料未及的。托它们的福，我或许已成为所谓的畅销书作者了。

我会写这一系列励志书籍，目的很明确——正如罗伯特·史蒂文森（Robert Louis Stevenson）所说的："无论身上的担子多么重，你都可以咬紧牙关扛到夜幕降临。无论工作有多累，你都可以圆满完成。假若你可以这样过每一天，你就能过上温馨甜美的生活，并使你自己成为一个耐心、细致、高尚的人。没错，这就是生命的真谛。"

目 录

第二部分：婚恋篇
做完美的爱人 / 037

第三部分：职场篇
和自己喜欢的一切在一起 / 087

第四部分：社交篇
真心关注别人的需求，才能有所收获/ 141

第六部分：自卑与超越篇
独特胜于完美，勇于活出真实的自己 / 195

第一部分：情商篇

快乐的女人最有力量

1. 别把时间浪费在自己不喜欢的人和事上

《生活》杂志报道说："报复心会损害人的健康。高血压患者的主要特征是容易愤怒。愤怒不止的话，长期性高血压和心脏病就会随之而来。"

数年之前，华盛顿州斯泼坎城一家餐馆的老板就因为生气致死。关于此案，华盛顿州斯泼坎城警察局局长在给我的来信中说道："68岁的威廉·弗尔坎伯在斯泼坎城开了一家咖啡馆。因为他的厨师坚持用茶碟喝咖啡，他被活活气死。当时，那个咖啡馆老板非常恼火，抓起一把左轮手枪去追那个厨师，结果因为心脏病发作倒地死去——他手里还抓着那支手枪。验尸员报告说：'他是因为愤怒而导致心脏病发作。'"

这正如莎士比亚所说的："不要因你的敌人而燃起一把怒火，结果却烧伤自己。"

乔治·罗纳住在瑞典的艾普苏那，他曾在维也纳当了很多年的律师。他在第二次世界大战时逃到了瑞典，生活困窘，迫切需要找一份工作来维持基本的生活。乔治·罗纳能说多国语言，所以，找到一份秘书的工作对他来说不难。但是，战争给他的谋生带来巨大的困难，绝大多数公司都因为现在正在打仗而不需要这类工作人员。

有一个瑞典人给乔治·罗纳的回复是："我的生意你根本就不了解。你既蠢又笨，我根本不需要商务秘书。即使我需要，也不会找你，因为你甚至写不好瑞典语信件，你的信里全是错字。"

那个瑞典人自己的信在语法和措辞方面漏洞百出，可是，他竟然大言不惭地说罗纳不会瑞典语。乔治·罗纳看到那封信时，他简直气得七窍生烟。盛怒之下，乔治·罗纳不假思索地拿起笔写回信，他想要反击。但是，在写信的过程中，他渐渐冷静下来。

他对自己说："也许，是过度的自信蒙住了我的眼睛，没有经过仔细分析，我便武断地认定这个人说的不对。瑞典语毕竟不是我的母语，也许，我确实犯了我并不知道的错误，而他人却看得一清二楚，特别是瑞典人。事实果真如此的话，我只有通过更加努力地学习，才能找到我梦寐以求的工作。换一个角度思考，也许这个人可能在无意之中帮了我一个大忙。不管他是有意还是无意的，我应该给他写封真正意义上的感谢信。"

于是，他在信中写道："您在不需要商务秘书的情况下，还不辞辛劳地给我写信，我实在是太感激了！我之所以给您写信，是因为我从别人那里知道，您是这一行的领袖人物。我之前的信中犯了很多语法错误，对此，我觉得很惭愧。现在，我打算更加努力地学习瑞典语，并改正我的错误。谢谢您帮助我看到了自己的不足之处。"

乔治·罗纳没过几天就收到了回信，那个瑞典人真诚地邀请他见面。罗纳犹豫再三，最后怀着忐忑的心情去了。结果是他得到了这份工作。

爱我们的仇人，对于我们这些凡夫俗子来说是件极难的事情。但是，为了我们自己，为了自己的健康和快乐，我们至少可以做到原谅他们、忘记他们。就好比一句老话说的："不会生气的人是笨蛋，而不生气的人才是智者。"

艾森豪威尔将军的儿子约翰，在解答他父亲是否怨恨别人的问题时，曾经这样回答："不，我父亲从来不浪费时间去想他不喜欢的人。"

每个想要拥有幸福的女人，都应该学会保持平静、快乐的心境。

前提是，女人们不要把时间浪费在想那些我们不喜欢的人和事上。

所以，请记住：永远不要报复我们的仇敌，如果那样做，我们对自己的伤害将会远远大于对敌人的伤害。

2. 聪明女人不会怨天尤人，而是想办法弥补

人生之路是不可逆转的，当然也就不可能重新选择。

有位作家曾说过："我们可以转身，但是不必回头。即使有一天发现自己错了，也应该转身，大步朝着对的方向迈去，而不是一直回头埋怨自己错了。"

所以，女人们，不要总为过去的错误而悲伤，今天才是幸福的开始！

多年前，保罗·布兰德温先生的一堂课，令纽约市布朗士区的亚伦·桑德斯印象深刻。时至今日桑德斯仍然会这样评价，这是对他的人生最有价值的一堂课。

"当时我只有十几岁，正是无忧无虑的年龄，可是我却经常忧虑，我常常为自己犯的各种错误而自责。每次考完试，我都会在半

夜里睡不着，担心考试不及格。我总是在想我所做过的事情，希望当初没有那样做；总是在想我所说过的话，希望当时没有那样说。

"有一天早上，我们要上实验课。布兰德温先生将一瓶牛奶放在桌子边上。我们都很诧异地望着那瓶牛奶，心想，这和今天的课有什么关系？这时，布兰德温先生突然站起来，将牛奶瓶打碎，牛奶泼在水槽里，他大声叫道：'奶瓶碎了，但记住，千万不要为泼洒出来的牛奶哭泣。'

"随后，他叫同学们都到水槽边去看那个打碎的牛奶瓶。'好好看着，'他说，'因为我要你们一辈子都记住这一课。牛奶已经没有了！都洒光了！无论你多么着急，无论你怎样抱怨，都已然无济于事了，一切都没办法改变。现在，我们能做的就是把它忘掉，转而关注当下的每一件事。'

"布兰德温先生那次小小的表演，让我终生难忘。事实上，这件事教给我的道理，比我在高中学到的任何知识都管用。它教会我一个道理：如果可能，就不要打翻牛奶瓶；万一打翻了牛奶瓶，就要尽快忘掉这件事。"

已故的弗雷德·富勒·谢德有一种天生的本领，他能把古老的真理用自己独特的语言和方式表达出来。作为《费城公报》的编辑，有一次，他受邀为某大学毕业班做演讲。

他问道："你们中有多少人锯过木头？锯过的请举手。"

结果，大部分学生都举起了手。

然后他又问："有多少人锯过木屑？"

此时，没有一个人举手。

"当然，你们不可能锯木屑！"谢德先生说，"因为它已经被锯下来了。所以，如果你再做那些已经做完的事情，你就只不过是在锯木屑，毫无实际的意义可言。"

棒球老将康尼·马克81岁高龄时，我问他是否曾为输了比赛而忧虑。他回答说："当然。我过去总是这样，可是多年以前我就不再干这种傻事了。我发现，这样做对我没有任何好处，因为磨完的细粉不能再磨，水已经把它们冲走了。"

磨完的细粉不能再磨，木屑也不能再锯了。既成的事实不可更改，何必还对过去的事情耿耿于怀？

去年的感恩节，我和昔日的拳坛名将杰克·邓普赛共进晚餐。当我们吃火鸡和酸果酱的时候，他给我讲了他输掉重量级拳王头衔的那一场比赛。这对他而言的确是一个沉重的打击。

他是这样说的：

"在比赛的中间，我突然感觉到，自己就像一个暮年老人般虚弱……当第十回合结束时，我总算没有倒下去，但仅此而已。我的脸已经被打肿了，双眼几乎无法睁开，四周一片模糊。我只看见裁判员举起金·图利的手，宣布他获胜……

"此时此刻，我的脑子里只有一个声音：我不再是世界拳王了。比赛结束后，我穿过人群回到更衣室。有些人想来握我的手安慰我，也有一些人眼含泪水默默地看着我。

"一年之后，我和金·图利又比赛了一场，结果，我仍然以失败告终——让我完全不为这件事情发愁实在太难了，可是，我对自己说：'**不要生活在过去的阴影里，不要为打翻的牛奶哭泣，要学会承受打击，不让它把我打倒。**'"

杰克·邓普赛正是这样做的。他一再叮嘱自己不要为过去忧虑，并且迫使自己不再想起过去的那些失败。为此，他付出了巨大的努力：他开始经营百老汇的邓普赛餐厅和第57大街的大北方旅店，安排和宣传拳击比赛，举办各种拳赛展览会。

他让自己在做一些有意义的事情的过程中，忙得既没有时间也没有精力为过去的失败担忧、懊恼。"我过去10年的生活，"杰克·邓普赛说，"比我当拳王的时候幸福多了！"

读书并不多的邓普赛先生，实际上却在不自觉地照着莎士比亚的忠告行事："聪明人永远不会坐在那里为他们的错误而悲伤，相反，他们会很高兴地想办法来弥补创伤。"

我曾经参观过全美最大的重犯监狱——星星监狱，让我感到吃惊的是，那里的囚犯们看起来和外面的人一样快乐。面对外界充满疑惑的目光，星星监狱的监狱长刘易斯·路易斯这样解释道："这些囚犯刚到星星监狱时，都心怀怨恨。可是几个月之后，他们当中比较聪明的人都能忘掉不幸，平静地接受监狱里的生活，并尽量把它过好。"

路易斯监狱长还补充道："有一个在菜园工作的犯人能做到一边种菜，一边唱歌。那个边工作边唱歌的犯人比我们大部分人都更懂得生活的智慧。"

所以，即便犯了错，遭遇到打击，请不要浪费你的眼泪，终日自怨自艾。疏忽和犯错固然不好，但一切都已经过去。谁又能够保证自己从不犯错误？

所谓"失败是成功之母"，虽然拿破仑一生中1/3的重要战役都以失败告终，但这不影响他依旧是拿破仑——伟大的战略家。

人生，没有永远的伤痛，再深的痛，伤口总会痊愈；也没有过不了的坎，只要你想办法，总能跨越它。

无法改变的事，忘掉它；有机会补救的，就要抓住机会去弥补。

后悔、埋怨、消沉、自暴自弃……不但于事无补，反而还会阻碍前进的步伐。

　　牛奶已经打翻了，女人们不要在自责和懊悔中度日，当过去的已经成为既定的事实无法更改时，那就彻底放下，放眼未来。

3. 练就宠辱不惊的生活智慧

在我写这一章内容的时候，我特意到芝加哥大学请教罗勃·梅南·罗吉斯校长：人们怎样才能够获得平静和快乐？他想了一下，认真地回答我说："在这一点上，我一直试图遵照一个忠告去生活，那就是已故的西尔斯公司董事长裘利亚斯对我说的一句话，他说：'如果你只有一个酸柠檬，那就去做杯柠檬水。'"

这位校长如此说，也正是如此去践行的。可是，一般人却不这样。例如：如果命运抛给他一个酸柠檬，他会毫不犹豫地扔掉，并且愤愤不平地说："我真是命苦！上天对我何其不公。"

但是，如果换一种态度，你就会发现，这个酸柠檬也能做成爽口的柠檬汁！

　　我曾拜访过一位住在佛罗里达州的农民，他就独辟蹊径地将生活给予他的酸涩的柠檬变成了极其可口的柠檬汁。

　　在他刚买下那片农场时，心情很糟糕。因为农场贫瘠的土地上只有一些矮灌木与响尾蛇，既不适宜种植果树，也不适合发展养殖业。面对这样的处境，他并没有自怨自艾，而是下定决心全力扭转局面。

　　有一天，他灵感突现，为什么不利用这遍地都是的响尾蛇呢？于是，在大家的阻挠与白眼中，他开始生产响尾蛇肉罐头。

　　几年之后，当我再去拜访他时，那里发生了翻天覆地的变化。他的农场将响尾蛇的毒液抽出后送往实验室提取血清，高价出售蛇皮生产女式皮鞋与皮包，罐装蛇肉销往世界各地。现在，平均每年有两万名游客到他的响尾蛇农庄参观。

　　已故的作家威廉·波利多曾写道："人生中最重要的事并不是恣意挥霍，这任何人都可以做到。真正重要的是如何扭转不利的局面，从中获益。这需要你具有大智慧，而且也显示出人的智力高低。"

　　有一位双腿瘫痪的人叫本·佛森，他就具备这种从失败中获益的能力。

　　一个偶然的机会，我在乔治亚州的一家旅馆电梯中遇到他。他坐在电梯角落里的轮椅上，我注意到，虽然他双腿瘫痪了，但是他的表情一直很愉悦。当电梯到达他要去的楼层时，他友善而客气地请我让开一下，以便他能把轮椅顺利地移动出去。

"对不起！"他说，"劳驾你行个方便！"脸上的笑容和蔼可亲。

我被他乐观温和的品格打动了。于是，我主动上门拜访，恳请他一定要给我讲讲他的故事。他的脸上始终流露着微笑，语气很平静。

他说，不幸的事情发生在1929年。"当时我才24岁。有一次，我到山上去砍伐木头，把木材堆上车，然后开车回家。但是，在我急转弯时，一根木棍滑下来卡在了车轴内。我立即被抛出车外，伤到了脊椎骨，于是，我的双腿瘫痪了，再也没法子站起来。"

24岁年纪轻轻的小伙子，正是人生中最为意气风发的时候，居然就要在轮椅上度过一辈子！我问他，怎样做才能勇敢地面对这个残酷的事实？他说："我不能！"

他说，当时自己极度怨恨命运对他的不公平，老天竟然跟他开了一个如此大的玩笑！但随着年龄的逐渐增长，他感觉到，愤愤不平和怨恨没能给自己带来任何好处，自己整个人反倒变得尖酸刻薄、不近人情。

"到最后，我终于认识到，"他说，"别人和善、礼貌地待我，我也应该和善、礼貌地回应对方。我的伤残不是我无理取闹的理由。"

从此，他的生活观念发生了巨大的转变，这么多年过后，那次事件对他来说不再是个不幸。他说："不！我现在反而很感谢这件事的发生。"在那之后，他开始读书，并对文学产生了极大的兴趣。

十四年来，他至少读了1400本书，这些书不仅开拓了他的视野，还丰富了他的人生，这比他以前所能想象的任何生活都要精彩。

以前，他一听到音乐声就犯困；现在，美妙的交响乐令他感动不已。然而，最重大的转变，还是他开始认真思考。"有生以来第一次，"他说，"我真正用心去观察世界，体会人生的价值。"

大量的阅读使他逐渐对政治产生了兴趣，他开始将研究的重点转移到公众问题上。随即，他竟然坐在轮椅上对公众发表演说！他开始主动地结识各种人，而人们也开始与他熟悉。甚至，他就坐在轮椅上就任了乔治亚州州秘书长一职。

还有一位名叫瑟玛·汤姆森的女士，向我述说了她亲身经历的一个故事：

"战争期间，我的丈夫驻扎在摩亚沙漠的陆军基地。我们夫妻二人聚少离多，为了能经常相聚，我决定到他的驻地附近居住。可是，那个鬼地方实在是糟糕透顶。长这么大，我几乎没见过比那里更凄凉、环境更恶劣的地方。

"当大家外出参加军事演习时，我便孤零零待在那间小房子里。天气酷热难耐，即使是仙人掌树荫下的温度也要高达40摄氏度。狂风对那里来说简直就是家常便饭，所有吃的食物、呼吸的空气中都充满了沙尘！

"那时，我觉得自己是天下最倒霉的人。我写信给父母，告诉他们我承受不住了，准备放弃，我简直一秒钟也不想待下去了。而我父亲的回信只有短短的三行字，却从此改变了我的一生：两个犯人在监狱由铁窗向外望，一人看到泥泞满地，一人看到星辰满天。

"这几句话我看了又看，心里很惭愧。我决定要彻底改变自己，要发掘出目前处境的益处，要发现那灿烂的满天星辰。

"我开始主动与当地的土著居民交朋友，他们的回应使我非常感动。当我很有兴趣地欣赏他们的编织与陶艺时，他们会把表示友谊的心爱珍品送给我。这些东西可是观光客出钱买他们都不卖的。

"另外，我还研究品种不同的仙人掌及本地奇花异草，还试着跟土拨鼠一起驻足欣赏沙漠的落日美景，抽空还会去寻找300万年前的贝壳化石……

"为何我的转变如此惊人呢？沙漠环境并没有变，变的是我的心。因为心态的转变，我在这儿的生活变得如此精彩。这番新开辟的天地令我既激动又兴奋。我决定写一本书，讲一讲我从故步自封的'牢房'中走出去，发现了满天熠熠生辉的星辰的故事。"

我长期研究那些成功人士的人生经历，随着研究的增多和深入，我越来越坚信：他们的成功，主要归因于失败激发了他们的潜能。这些众多优秀杰出的人物具有"不仅能忍人所不能忍，并且热爱逆境"的品格，这是他们获得成功的直接原因。

确实如此。如果弥尔顿不失明，可能写不出精彩的《失乐园》等诗篇；贝多芬如果不失聪，也不一定能激发他创作出动人的音乐作品；海伦·凯勒的伟大创作也完全是受到失聪失明的激发；柴可夫斯基的婚姻如果没有悲惨、凄凉到几乎想要自杀的程度，大概也创作不出不朽的《悲怆交响曲》……

佛斯狄克在其著作中写道："有一句北欧古语说——冰冷的北极风造就了坚毅的维京人。人们过着舒适的日子，无须克服任何困难，难道你会相信这是快乐？恰好相反，自怜的人即使靠在舒服的沙发上，也不会停止自怨自艾。反倒是那些身处恶劣环境的人常能感到快乐。因为对个人的责任他们从不推诿，从不逃避。再强调一遍——正是恶劣的北极环境，造就了坚毅的维京人。"

在巴黎的一次音乐会上，世界著名的小提琴家欧尔·布尔正在演奏。忽然，小提琴的 A 弦断了，他并未慌张，而是从容而镇定地用剩余的三条弦继续演奏。

所以，女人们请记住：人生正是如此，一条弦断了，那就用剩余的三条弦继续演奏吧！

4. 信念的力量可以超越一切

我认识一个人，他来自密苏里州，名叫里奥纳德·崔吉亚。他最大的特点就是能够秉持信念、矢志不渝。

1928年，父亲留给崔吉亚价值足有10万美元的财产。但是仅仅十年之后，他便分文皆无，陷入了破产的境地。

其实这一过程并不复杂，崔吉亚先生给我来信中这样写道：

"我父亲十分富有，所以，我习惯了大手大脚地花钱。虽然我还是个学生，但只要我想花钱，父亲的一张支票就可以满足我的任何要求。特别是上大学了之后，我花钱更是随心所欲。所以，即使大学毕业了，对于金钱我还是没有任何概念，它们在我脑海中只是一串串数字而已。那时，我最大的特长就是知道如何开支票。

"当我父亲去世时，对于自己独立生活，我完全没有头绪。幸好，父亲给我留下了一片肥沃的土地，我就开始在密苏里河下游，靠近密苏里州里辛顿的地方经营农业。经济大萧条的第一年，我的账户就出现了赤字。万般无奈之下，我不得不用一块土地做抵押还债。但经济萧条仍在持续，丝毫不见有任何好转的迹象，而我的经济状况已经到了山穷水尽的地步。没有别的办法，我只剩下唯一的能耐——继续卖地，用来还无法再继续拖欠的贷款。我就这样束手无策地生活着，继续抵押或是出卖土地，成了我需要用钱时的救命稻草。

"结果就是我破产了。当这一天终于来临时，我才猛然意识到，自己不再拥有任何财产了。然而，生活仍在继续，嘴和肚子的需要根本就无法拒绝，所以，赚钱过日子成为我迫在眉睫的事情。这个时候我才发现，自己竟然什么都不会做，因为我这一辈子根本没有做过什么事情。

"刚发现这一点时，我急得彻夜难眠——我已经彻彻底底地陷入了孤立无援的境地：曾经作为支柱的支票已经没有了，求助也找不到人了。但一天晚上，我终于想明白了，那就是，我必须面对活生生的、残酷的现实。'好日子一去不复返了，我的朋友，'我对自己说，'作为一个成年人，你应该表现得像一个成年人。成熟起来，去找一份工作吧！'

"我对于自己的处境做了现实而缜密的分析。我一直相信这句话——'只要你愿意努力，在美国，机会总是均等的'。但是，对于这句话我从来都只止于书面上的理解，没有通过实践亲自去验证过。虽然经济萧条、不见任何好转，失业率始终居高不下，工作机会少之又少，但是，我有自身的优势和生存之道：我身体健康，大学毕业，又接受过正规的职业培训，而且，我的失败和错误给了我宝贵的经验教训。现在，我需要做的就是立即开始行动，坚决避免将时间浪费在抱怨和悔恨上。

"这一番思考下来，我的眼前豁然开朗，仿佛看清楚了自己未来要走的道路。天上没有掉馅饼的好事，无论做什么事情都不可能一帆风顺，我必须做好克服一切困难的准备。

"当时，要找一份工作是极为艰难的事情。一旦可怕的颓丧情绪前来袭扰时，我就暗暗为自己打气：对于每一个有信念的人来说，生活即使再艰难都无所畏惧。美国是一个任何有信念、有决心的人都可以找到自己位置的国家。就这样，我强迫自己必须消除内心深处的怀疑和恐惧。

"做到这一点很难，但是，任何事都是贵在坚持。最后，我在堪萨斯城的联合财务公司找到了工作，并在那里愉快地工作了四年，很顺利地度过了自己经济和人生中的危机。之后，在经过理智分析后，我毅然决然地辞职，又回到农业方面来。

"这一次，情况慢慢地向好的方向发展。我慢慢地建立起自己的信誉，也大大地拓展了自己的业务。经过几年的不懈努力和奋斗，我终于取得了非同凡响的成功。回首我所经历的一切，其实，这些成就都受益于我的失败，是失败给了我宝贵的财富，使我做好了准备，让我东山再起，不断地迈向成功。

"我急于赎回父亲留给我而又被我失掉的那片土地。这原本看来是那样遥不可及的事情，现在，我竟然可以轻而易举地做到。更为难能可贵的是，我获得了可以将之传给子孙后代的伟大真理——我们必须拥有信念，但是，如果我们空有信念却不采取行动的话，这信念就跟没有一样——这一真理的价值不是金钱所能衡量的。"

崔吉亚先生的故事，正是一个人不断走向成熟的例证。在此过程中，崔吉亚先生从一个被娇生惯养而无所事事的孩子，成长为一个抱有坚定信念，并将信念付诸实践的成功男人。

在经历人生的巨大挫折时，崔吉亚先生曾像孩子一样逃避现实，但最终，信念却使他像一个真正的男人那样，敢于面对和挑战现实，并且在信念的指引下取得了人生的成功。

约翰·辛德勒博士曾说过："成熟，需要通过学习才能达到，而且，往往要经历痛苦方能见效。"

关于上述真理，在这个世界上，每天都有人在用自己的实践不断证明它的伟大。家住加拿大的丽莲·海德莱恩夫人，就是其中一个。

海德莱恩夫人是一个开朗乐观的家庭主妇。有一天，海德莱恩夫人开车外出时，意外翻进了深沟中。她的脊椎最初被误诊为已经摔断，但是在X光照片上却看不出她的脊椎折断的事实，不过，能看清骨刺脱离了外面的附着物。

所以，医生提出的治疗措施是：海德莱恩夫人至少需要卧床休息三个星期。医生还告诉她说："夫人，你要做好充分的心理准备，你的脊椎已经严重硬化，也许在五年之后，你就不能动弹了。"

当时的情形，海德莱恩夫人现在回忆起来仍然历历在目：

"当时，我被吓得目瞪口呆，这简直太可怕了！虽然我一直都自认为是乐观、开朗的人，面临一切困难我都会无所畏惧，但是这个突如其来的打击实在是太残酷了。我的直觉告诉我，这个困难对于我来说简直就是一座无法逾越的大山，勇气和斗志也随着我卧床的时间，从三个星期向无限期延长，进而消失殆尽了。我的内心越来越害怕，意志软弱得像一团棉花。

"有一天早上，在神智十分清醒的情况下，我对自己说：'五年时间其实也很长，我还可以做许许多多的事情呢。如果积极配合医生的治疗，再加上我永不言弃的决心，我的病情一定能够有所改善。

我不想做一个逃兵，不想未发射一颗子弹就缴械投降，我要竭尽一切努力，勇敢地去战斗，像一个真正的斗士那样，一直向前。'

"这种信念和决心给我的身心注入了强大无比的力量。我要马上行动。软弱和恐惧已经被彻底打败！从我挣扎着爬下床那一刻起，一切都重新开始了，我的新生活又一次拉开了帷幕。

"我不断地用这个词来激励自己：'继续！继续！继续！'

"大约在五年半以前，我重新照了 X 光，发现即使再过五年，我的脊椎也不会有什么问题。这大大出乎医生的意料，随后医生建议我要积极乐观，对生活充满兴趣，勇敢地活下去，而我也正是把这种念头坚持下来，才有了今天。我发誓：只要身上有一块肌肉还能活动，我就要继续生活下去，绝不退缩。"

拥有信念，坚持信念，海德莱恩夫人的故事，又是一个对我们具有启发性的实例。所以女人们，面对挫折、面对困难不要慌，也不要乱，只要坚实地走好每一步该走的路就行了！

浪花，是因为不断地冲击岩石，才更能见其美丽。人生，如果像波澜不惊的湖水一样，将永远不会有壮观的景象。所以，不要害怕挫折与磨难，因为在困难的背后，一定藏着通往成功的阶梯。

5. 去行动，而不是逃避

卡斯特罗在1946年退役后回到了家中，那是位于加拿大尼亚加拉瀑布边上的一个小镇，很快，他就在安大略水力发电公司找到了一份机械工的工作。仅仅18个月，老板就提升卡斯特罗为本公司重型柴油机械部的负责人，这个任命让他颇感意外。

卡斯特罗先生后来回忆这件事时说：

"我当时非常担心自己能否还像从前一样快乐。我原来当机械工的时候感到很快乐，如果今后因为成了一个可怜的工头，快乐从此就跟自己远离，那么，这简直太可怕了。所谓'不在其位，不谋其政'，负责人的责任沉重如山。一想到这些，我开始忧虑了，心里一阵阵纠结。

"终于，我一直担心的可怕事件发生了！我当时正走向一个砂石场，可是现场却安静得让人感到很不正常。那里正常应该有4台牵引机、4台巨型挖掘机在工作。经过快速检查，我发现，原来这4台牵引机全坏了。

"我忐忑不安地向上司报告完现实情况。他只不过微微一笑，淡淡地说了一句话：'修好它们吧！'——就是这句话，给我留下了刻骨铭心的记忆。我想假如我能活到1000岁的话，也绝不会忘记一个字。担心、恐惧和忧虑在这一瞬间烟消云散！我开始放下心来，小心翼翼地修理那几台机器。'修好它们'这句话真是具有神奇的力量，从此之后，我的生活和处理工作的方法彻底改变了。

"也正是从那一刻起，我开始从心底感激那位上司。我在工作中投注了更大的热情，并且决定无论今后出现什么差错，我都要亲自动手去解决它，而且绝不逃避。"

卡斯特罗之所以在瞬间变得成熟了，正是得益于那位上司超越常规的提拔和赏识，而他本人也是一个善于思考的人，在日常工作中体悟到人生的真谛。

许多人由于害怕承担做决定和执行决定的责任，害怕因为出现差错而受到责怪，所以，明哲保身地放弃了获得成功的机会。然而，对于必须要付诸实施的事情，如果一味采取拖延做法的话，只会在做事者的心中引起更大的冲突和迷乱。

这种心理必须要克服，在工作、生活中，只有强迫自己去做自己害怕而不敢做的事，才能不断磨炼自己的意志品质。

任何一个人在必要的时候，都必须要拥有行动的能力。要想走向成熟，做决定和执行决定是极为重要的一个环节。当然，我们在采取正确的行动之前，还要学会从不同的角度分析和研究问题。

印第安纳州波利斯市的西奥图·泰德·斯坦坎普先生，应该算是个果敢而坚决的行动派。泰德·斯坦坎普在只有12岁的时候，总是受邻家一个孩子欺负。为了安全起见，他决定：从今以后不再迈出家门一步。不过，几天之后，为了奖励泰德帮自己割草，父亲特意给了泰德一些零钱，让他去看电影、买冰淇淋吃。但是，因为他怕遇见那个邻居的孩子，所以，就算心里是如此渴望去看电影，泰德还是悄悄地把钱放回了口袋。

泰德·斯坦坎普说：

"我父亲以为我病了，问我怎么了，我含糊其辞地应付着他问我的一些问题。第二天傍晚，我像个小偷似的，偷偷摸摸地到巷子里去玩弹球。真是冤家路窄，我一直担心的敌人正向我猛冲过来——此时的我被吓得呆若木鸡，浑身的血液都快要凝固住了。那个敌人对我来说，简直就像《圣经》中被大卫王杀死的菲利士巨人歌利亚那般令人恐惧。

　　"我本能地立刻调过头来，逃命似地快速跑回我家的车库，却撞见了父亲。他双眼死死地盯着我，追问我究竟是怎么一回事。万般无奈之下，我向他撒谎说，我们正在玩捉迷藏的游戏。正在这时，外面传来一个轻蔑而恶狠狠的声音：'滚出来，胆小鬼，再不滚出来，我就要冲进去了！'

　　"这时，我父亲手中突然多了一条半米长的厚厚的汽车皮带。他心平气和地对我说，外面那个大块头的家伙没什么了不起，如果我不想等着挨他的抽打的话，就赶紧出去应战。父亲还说，他敬仰失败者，但是，瞧不起缩头乌龟和胆小鬼。我眼睁睁地看着那条皮带，它要是打在我屁股上，那种彻骨的疼痛绝对比我打架时曾经挨过的拳头要难受得多。

　　"同时，父亲的一番话也点燃了我的斗志。我以极快的速度冲出车库，像炮弹一样扑向那个狂妄自大的家伙。我的表现完全出乎他的意料，在承受了我一连串恶狠狠的拳头之后，他便落荒而逃了。

　　"直到现在，每当想起这件事，我仍然会体味到那种胜利者的喜悦。那不仅仅是拳头的胜利。接下来的几天，成了我童年时代最快乐的时光。勇气带给我的报酬是一种享受——我重新获得了自尊。而且，我也由此得出了一条有用的结论——**永远都不能逃避现实，而要勇敢地面对它**。这是一条汽车皮带和一位睿智的父亲让我明白的真理。"

所谓"天有不测风云，人有旦夕祸福"，没有谁能预料到何时会出现紧急情况。做出决定进而勇敢地采取行动的能力，是应付任何紧急情况的必备素质之一。

对于大多数在大部分时间里都循规蹈矩生活的人们来说，更应该做好时刻行动的准备，并养成权衡利弊、选择最佳方案付诸实施的习惯。

我们的人生就掌握在我们自己的手中，只有果敢而坚决地行动，才能掌握我们自己的生活。

艾尔·拜瑟普亲身经历过这样一件事：有一次，拜瑟普夫妇开车带着3岁的小女儿去祖母家过圣诞节。在路上暴风雪不期而至。积雪既封闭了前进的道路，也阻断了退路，高速公路上挤满了汽车，人们都陷入了进退两难的境地。

拜瑟普先生回忆道：

"漆黑的夜晚让人难辨方向，天气冷得让人瑟瑟发抖。雪花被风不断地吹落到我们的汽车顶上，越积越厚。我的妻子和女儿紧紧地搂抱在一起相互取暖，瑟缩着的身体和冻得铁青的脸，让我心疼不已。我们在焦躁不安中煎熬了整整一个小时。如果不能果断决定、马上行动的话，我们肯定会有危险。

"猛然间，我想起我们在来的路上曾经路过一家农舍，如果我们立即回到那里，就会得救。不再犹豫了，想好了就马上去做！于是，我紧紧抱着小女儿，迎着刺骨的寒风步履蹒跚地行走在雪地里。那一段路是迄今为止我走过的最艰难的行程，但也是最伟大的跋涉。当时，雪已经积到齐腰深了，我们每走一步都非常吃力，但每一步都带来生命的曙光，我们最终还是取得了胜利！

"一间不算宽敞的农舍，就像一叶小舟在暴风雪中劈波斩浪，承载着33个遭受同样命运的人。在陷入困境后，这些都是果断地采取行动的人，否则，我们必将在冰冷的雪堆中悲惨地死去。"

的确，当我们遇到某些突发紧急事件时，除了冷静思考和分析之外，还需要果敢而坚决地行动。当我们需要付诸行动的时候，绝不能犹豫不定，更不能浪费时间为自己寻找借口，而是要振作起来，立即投入行动！

行动就像火种，一旦点燃，便会燃起熊熊大火。只要我们去行动，就会有一扇门为我们开启；如果我们不付诸行动，那么，属于我们的那扇门就永远是关着的。

6. 坚持自己的梦想，别给自己留遗憾

　　达蕾恩·凯根作为美国一位颇有名气的主持人，已经在业内拥有了十分耀眼的地位。可是，在她进入这个领域之前，她也经历了不少的挫折。

　　16岁那年，她下定决心，自己以后要从事的工作，最好每天拥有不同的内容，每天都要拥有惊喜。开始，她想做一名医生，但一堂化学课打消了她做医生的念头；后来，她又想做一名主持人，并且，这个念头在她的心里扎下根来，并成为她追逐梦想最强有力的支撑。

　　在当地一家电视台工作了长达五年之后，她终于鼓起勇气，向台里申请做主持人。可是，她的老板拒绝了她。更糟糕的是，老板只愿意让那些金发碧眼的漂亮女人做主持。

　　"仅仅出于养眼考虑，"老板淡淡地说，"有些人天生丽质，有些

人不是。很显然，你属于后者。"这很伤人心。但是，达蕾恩绝对不愿意自己的梦想就这么轻易地被人扼杀在摇篮里。她巧妙地避开老板对她相貌的成见，转而找到一条适合自己的路：尝试创办了一档新节目，名字叫"周末体育赛事"。

直觉告诉她，这个节目将极具市场潜力。因为大多数女性尚未开始涉足体育的领域。她以"无偿服务一年"为条件，说服老板，让她做这一档节目的主持人。

再后来，美国的一家电视台进行招聘，达蕾恩以丰富的工作经验、深厚的社会阅历以及执着追求的精神，成为不二人选。在新的岗位上兢兢业业地工作了三年后，她终于如愿以偿，成了重量级媒体的主持人。

同样的故事也发生在我的一位学员身上。她一直有个梦想：做一位电视编导。但是，她有先天性听力障碍，必须得戴着助听器才能听到别人讲话。

为了自己的梦想，她在上学的时候，便付出了比别人多得多的努力，成绩非常优异，闲暇时间除了泡在图书馆，就是观摩好的电视节目。可是，每次应聘哪怕是编导助理或者电视台打杂的工作，她都会因为听力障碍而遭到拒绝。

甚至，有一位面试官当着她的面告诉她："你要是能成为电视编导，我目前的职位不要，给你当助理！"

她听到这句话后面色发白，回来之后大哭一场，把自己关在屋子里，三天都没有出门，不吃不喝。善解人意的母亲十分愧疚——自己在给了女儿生命的时候，却没有办法给她一个健全的身体，甚至这个先天性的残疾，会让女儿与她心爱的事业永远失之交臂。

看到亲爱的母亲哭了，我这位学员反而不好意思了。她安慰母亲说："妈妈，你别伤心，我不会这么轻易放弃的。我有自信，我的专业知识储备已经很扎实了，我唯一的障碍是听力，但只要戴着助听器，我还是可以听到声音的。"

于是，她参加了无数次的面试。屡试未果后，终于，她得到了一次机会。

面试官被她的诚意与坚韧感动了，给她出了一道题，让她在有限的时间内策划一档节目，包括选题、采访对象、问题设置。借着扎实的专业知识与素养，她在极短的时间内，交上了一份让大家赞不绝口的答卷，最终被电视台录取了。后来，经过不懈的努力，她如愿从助理的位置，做到了编导的位置。

所以，在面对挫折时，只要你坚持走下去，就会发现，成功与失败，其实就在一念之间。跨过去，便会坦途一片，而跨不过，也许你此生就只能以一个失败者的姿态，打发庸庸碌碌的余生了。

当然，很多情况下，人的放弃并不全都是因为挫折，还有诱惑。在人生的这趟旅途上，因为前路太过艰险，充满未知，所以，纵然有很多人因为受不了苦而放弃前行，但也有很多人因为留恋路旁的风景而放弃前行，没有抵御住诱惑。

在朱迪成为一名正式的法理学顾问以后，她每天晚上都去政法学校。在那儿，她和一群律师一同探讨一些专业问题。不久，他们提供给她一个职位，让她做一名律师助理。她优雅地一口回绝，心想："为什么我要这么做？我在做我热爱的事业，我有更多的钱、更多的自由。"

一年后，法律公司的某个股东来找她，对她说："好吧，如果你不愿意做助理，我们邀请你做我们的合伙人之一。"这个诱惑可不小！突然之间，她发现，坚守梦想的那份意志变得薄如蝉翼。

她喜欢和这样一群律师一块讨论工作，而且合伙人的身份意味着前程似锦。但是，当虚荣心不再作祟，初时的那份狂喜慢慢冷却之后，她还是婉言谢绝了这份邀请。对于未来，与法律打交道，仅仅是一时的激情，不是她的梦想所在。即使这份工作条件再优厚、前程再好，又与她有什么关系呢？

最后，在她的坚持下，工作终于走上了可喜的正轨。她所获得的收益比当年那份合伙人的薪金不知道要高上多少倍。而且，她是自由的，经济独立，无拘无束，重要的是，她正在做着自己曾经梦寐以求的事情。

这种坚持并非易事。许许多多的人，很容易会接受一份马马虎虎的职业，没有激情、没有挑战，唯有整天在里面混日子，领着微薄的薪水。因为按照自己曾经的梦想行事，天知道会取得什么呢？也许会有一个漫长的等待期；也许在拼搏的路上摔得头破血流，却终也换不回一顿饱腹的食物。所以，大家很难坚持在自己选择的路上一直走下去。

琳是我太太的晚辈兼好朋友，她最近常常向我太太吐苦水，因为自己出生在优裕的家庭环境中，所以，家里人也希望将她嫁到一个门当户对的家庭中，这样也不至于受苦。但是，琳偏偏爱上了一个一无所有的穷小子。家里刚开始不同意，最后，也几乎被两个年轻人的坚定打动，就在家里人快要妥协的时候，琳的妈妈找琳谈了一次话，说："这是我最后一次就这个问题找你谈话，如果这次谈话结束之后，你仍然决定要嫁给那穷小子，那么，我们也不会阻拦你。不过前提是，无论今后你们过得好不好，都不要抱怨我们。"

之前，家里人的苦苦相逼都没有让琳放弃，这几句话，却让琳的心理防线崩溃了。是啊，嫁给这个人，如果未来过得太辛苦，自己该怎么办呢？于是，在最后，她放弃了她所爱的男孩，嫁给了一位家世相当的男人。

可近来，尤其是有一次遇到曾经那个恋人牵着一位年轻漂亮的女孩，在街上幸福地走着的时候，她的心碎了——本来，那份幸福应该是属于她的，而现在，她却在家里过着一天比一天枯燥的生活，完全没有任何乐趣可言。

当初，她明明都坚持到最后一步了，却因为自己的怯懦而放弃了真爱，的确是很可惜的。

所以，亲爱的女性朋友们，人生没有后悔药可吃，没有机会可以重来。所以，在做每一件事情的时候，要记得，像钻石一般的硬，别被挫折与困难打败；又要像水一样柔软，抵挡任何事物的入侵。只要是认准了的事情，便不要轻易放弃。

只有这样，当你老了的时候，才不会因为没有实现梦想而遗憾，也不会因为没有经得住一时的诱惑而舍弃了最爱的东西，更不会因为自己的大意而错失自己曾拥有的最珍贵的东西。

第二部分：婚恋篇

做完美的爱人

1. 和谐的家庭关系是给孩子最好的礼物

爱，绝对是世界上最好的精神食粮，它每时每刻都创造着奇迹。缺乏爱情的成功根本就没有什么意义，没有爱情的功名利禄等同于毫无用处的垃圾。爱情，不单是靠面包就能存活，有时也需要一块洒了糖的蛋糕。

爱希尔·H.白特先生是纽约市少年家庭董事会秘书、社会工作研究专家，在一次市社会工作讨论会上，他曾经发表过这样的言论："孩子缺少家庭的关爱是少年犯罪的主要原因之一。因为孩子们觉得谁都不爱他，所以他们也就不爱任何人。"

在俄克拉荷马州的爱尔雷诺市，有一个联邦少年感化院，这里的孩子们最需要的并不是面包和牛奶，而是他人的关怀。我在这里曾经给孩子们讲授人际关系的课程。

一个孩子的母亲从来都不给他写信，可是，这个孩子在学了我的课程后，却给自己的母亲写了一封信。他在信中介绍了自己的一些近况，重点强调了他正在学习的一些课程，并说到，他的一些坏毛病已经改变了。

很快，他的母亲回信了，在回信中，她并不认为自己的孩子可能变好，而且，还很冷酷地说，他只适合在监狱里待着。

汤米，一个十九岁的男孩，在孤儿院和感化院至少住了十年以上。面对我的追问，他袒露出自己的心声。他说，他最渴望的就是得到他人的爱，可是，他认为，直至今日，都没有一个人爱过自己。他说，在他十六岁以前，从来没有人关心过他，他甚至连圣诞节礼物都没有收到过。

爱，绝对是世界上最好的精神食粮。只有在爱的滋润下，一个人才能更好地获得生存和成长所需的养分；如果没有爱，一个人的内心世界就会荒芜，成为一片贫瘠的荒漠，即使有阳光雨露的眷顾，也会寸草不生。

这些孩子们之所以走上犯罪的道路，极大程度上是因为他们经常在缺乏爱的关怀下成长，他们的精神世界里经常缺少爱这种精神食粮，因而常常处于饥饿状态。但是，他们却又强烈地渴望得到爱，所以，他们试图不择手段地找到他们所缺失的东西。

爱的潜力在人类的生活中可与原子能媲美。如果你爱你的丈夫是发自内心的话，你就能心甘情愿地去做每一件事，目的简单且伟大：为了他的成功或是让他幸福。所以，你的丈夫是否能够成功的决定因素之一，便是你对丈夫的爱有多深厚。

说起来你也许会怀疑，夫妻之间的恩爱程度，对孩子的幸福也有着很大的影响。美国家庭关系协会的会长——保罗·珀派罗博士在全国教师家长联谊会上说："如果我们能在这里完全不谈孩子的事情，而是讨论用什么样的方法能使夫妻之间更恩爱，也许会让孩子更幸福。"

为了家庭和孩子的幸福，在夫妻之间建立起挚厚的爱情已经刻不容缓。

下面的建议都是金玉良言，只要我们照着去做，加深彼此的爱情就不再是一件难事。

第一，爱，没有时间和地点的限制，共同努力让爱无时无处不在。

吉姆是我的老朋友，他的遗孀曾经写过一封信给我。她在信中叙述了过去的许多事情，最后她竟然悲伤地说："我竟然从来都没有跟吉姆说过我爱他、我很需要他。"

人生最可悲的事，莫过于失去之后才懂得珍惜。如今，吉姆已经远离我们而去，阴阳相隔，逝去的那些日子再也不会回来了。而吉姆的遗孀所要表达的爱意，也只能遗憾地埋藏在心里面，吉姆永远都听不到了。

在婚姻生活中这样的例子比比皆是。路易斯·M.特尔曼博士研究过一千五百多对已婚夫妇。他发现，许多男性认为，妻子不懂得如何表达爱情，是仅次于唠叨的第二个造成婚姻不和谐的因素。

大多数女性都理直气壮地认为，自己应当得到丈夫的爱护，做丈夫的就应该承担起时常对自己说些甜言蜜语的义务。通常来说，那些抱怨丈夫不重视自己、不懂得欣赏自己的女性，只知道一味地苛求丈夫，而从来没有给自己提出过什么要求。

威廉·珀林其尔博士描述过这种神经质的、喜欢挑剔和批评别人的女性。他说："有些人实在是太自私了，她们不想对别人表达一丁点儿的爱意。"

换而言之，只有体贴的、懂得爱别人的女人，才能在丈夫的眼中永葆魅力。

德罗西·狄克思是专门研究婚姻关系的专家，他说："很多丈夫都认为，妻子的存在是理所当然的，却从不注意她们身上穿了什么，也不赞美她们，也不会向她们表示任何的爱意。所以，很多妻子为此埋怨自己的丈夫。但是，这些妻子也是如此对待她们的丈夫的。

当然，她们对为什么男人会喜欢那些总是称赞他们潇洒倜傥的女人这一现象也是不能理解的。"

曾经有人这样比喻过夫妻之间的爱情：爱情的冷淡就像精神食粮不够一样。丈夫不是只吃面包就能存活的，有时，他还需要一块撒了糖的蛋糕。

第二，莫要事无巨细地一切追求完美。

一个负责的妻子总是犯完美主义的错误，这句话千真万确。这位贤惠的妻子无论是教育孩子、一日三餐，还是家居卫生，没有一样不做得井井有条。可是，就因为她太注重细节，却忽略了身边许多重要的大事。

乔治·吉恩·那森说："当我看到一个纤尘不染的家时，我总会觉得，而且很快就发现，夫妇间的爱情已经像他们机械化的家一样，快要冻成冰了。从某种意义上来讲，温暖的爱情和伴随爱而来的幸福，就像一个不那么井井有条的家给人的感觉一样。从经验中，我遗憾地发现，爱情永远不能和完美的家庭环境并存。这真是太遗憾了，一个深深爱着丈夫的女性，无论如何也成不了一个完美的家庭主妇。"

那森先生这种说法有趣而且夸张，作为经历过婚姻生活的我完全可以猜到，他应该还是单身，所以，对于夫妻二人相处的艺术还是知之甚浅。但是，他的话并不是一无是处，其中还是有着某种真实性的，应该引起我们认真深切地思考：在婚姻和家庭生活中，那些追求完美的主妇，应该既要注视着某棵树木，也要关注着整片森林。

无论多么不好的事情，女人都应该保持良好的心态去接受。因为很多时候，事情并非如我们想象的那么严重。

第三，胸怀宽广。在慷慨给予的同时，像包容自己一样去宽恕他人。

每一个女孩都渴望与深爱的人一同步入教堂。深爱丈夫的妻子，在大事上做出牺牲时，往往眉头都不会皱一下，可总是在小地方却不能做到宽容。

比如，丈夫在无意中提到他碰见了过去的女友，做妻子的就像打翻了醋瓶子似的，一直追问那个女人是不是还像以前一样，是不是比自己漂亮……果真如上述所做，那妻子就太不大度了！做妻子的应该反其道而行之，不仅不频频发难，反而要赞美她的好处。

第四，丈夫每天都会为你做许多不起眼的事情，妻子不要对丈夫做的小事视而不见。

丈夫带妻子去看戏，送了一束玫瑰花给妻子，每天早晨倒垃圾……对于这一切，如果妻子认为丈夫那么做是理所应当的，那么，久而久之，这个丈夫就不会做这些事来取悦妻子了。

华威克·C.安哥思曾说:"我可爱的妻子让我觉得,我比每个男人都幸福。如果时光倒退到三十二年前,就算我不知道现在的事情,只要她愿意与我共度一生,我仍然心甘情愿地娶她为妻。我之所以能有今天的成功,是因为她在我的身边,这是我能给她的最大的赞赏。"

众多幸福的丈夫们都想说这些话。由此可见,一个付出努力的妻子是一定会得到丈夫的爱的。

妻子对丈夫深切的爱,会让他感到宁静而幸福,这就更加促使他不断地迈向成功的道路,从而让妻子生活得更加幸福。缺乏爱情的成功根本就没有什么意义,没有爱情的功名利禄等同于毫无用处的垃圾。

女人们,想要幸福快乐地生活,就要学会为你的蛋糕撒点糖。

2. 男人需要哄，女人需要宠

如果一个男人所追求的他理想中的自己，和他太太所期望的相一致的话，那么这个男人取得成功的概率就会大大增加。

查士德特·菲尔德爵士写道："每一个男人实际上都具有两面性——真正的自己和理想中的自己。"只有优秀的女人才独具慧眼，将这两种形象合二为一。

成功，是所有正常男人毕生追求的目标。妻子有义务协助丈夫成为他理想中的那个人。做到这点既难也易。你莫要挑剔，也不要横向对比，更不要逼着他做更多的工作。你的方式应该以鼓励、赞赏、给他加油打气为主。

如果男人经常得到妻子的赞美"你真是太棒了""你是我的骄

傲""做你的妻子真好"，听到这种话的时候，我坚信，没有哪个男人不会高兴地跳起来。如果你还在怀疑，就去问问那些成功的男人，他们都可以证明这种说法的真实可靠。

派克斯货运和装备公司的老板派克斯先生，曾在给我的信中写道："我确实相信，如果一个男人所追求的理想和他太太所期望的相一致的话，那么，这个男人取得成功的概率就会大大增加。经营公司这些年来，我用人有一个标准，就是在我和他的太太谈过话以前，我决不会轻易重用她的丈夫。通过了解妻子的人生观，特别是她对先生的支持程度，就可以知道她的丈夫能成多大的事。"

以下就是他的感慨：

"我太太在嫁给我以前，家庭条件非常好——父母很有钱，她本人接受过良好的教育，有一个幸福快乐的家。而我则恰恰相反，除了独闯天下的愿望以外，可以说是一无所有。但在娶她做太太之后，我增加了一项财富——她对我的信心与信任。

"我们婚后着实过了几年艰难的日子，独闯天下难免要面对失败与挫折的考验，但我从她的理解和激励中，获得了继续前进的动力。我生命中所取得的成功，全都是我太太鼓励支持的结果。过去几年里，她身体不好，但她仍然是我的精神支柱。"

不幸的是，有些女人与派克斯太太大相径庭，她们对丈夫的期望超过了他本身的能力范围。她们把自己那抽象的想象强加给丈夫。

这种女人并不是为丈夫着想，而是为了满足自己的物质需求：渴望富裕的生活，开新车，穿更昂贵的衣服，加入富人才能加入的俱乐部……如此一来，丈夫就成了妻子满足欲望的工具了。

使男人进步，并不意味着不断地施加压力，而是以激励和鼓舞为主。如果要给他嘉勉和赞赏的话，就切莫空言，要找到他真正的闪光点。

"你真没用！"这句话对男人的伤害是很大的，特别是出自妻子之口。所以，妻子们要注意，永远不要对你的丈夫说这样的话。

玛格丽特·卡金·芭宁在写给《四海杂志》的一篇文章里如此劝告我们："对于指责丈夫工作上的失败，这是他老板的职责而不需要劳烦妻子。但是在家里，妻子要坚信他一定能够成功。相反，妻子向丈夫说'你无论如何也不会成功'，那她的丈夫是一定不会成功的……"

作为妻子，你千万不要对这句话产生丝毫的怀疑。一个女人说出来的话如果经过明智的思考，就可以使一个男人变得更好，甚至使他对生命产生全新的看法。

汤姆·琼斯顿,一个二战之后退伍的年轻人,因为战争,他的一条腿落下轻微的残疾,但他仍然能够享受他最喜欢的游泳。

出院以后没多长时间,他便和太太去汉景顿海滩度假。他在做了简单的冲浪运动以后,便躺在沙滩上享受日光浴。没一会儿工夫,他便注意到许多人都在看他。这条满是伤痕的腿,他从前并没有在意过,但是现在他知道这条腿成了焦点。

到了下一个星期天,汤姆拒绝了太太再到海滩去度假的提议。他没有任何理由,只是说,去海滩不如待在家里。他太太直言不讳地说:"我知道你不想去海边的原因,汤姆,你开始对你腿上的疤痕产生自卑感了。"

琼斯顿先生说:"我承认,她说得很对。接着我太太对我说:'汤姆,你腿上的那些伤疤正是你勇敢无畏的标志,那不是你的耻辱,而是你一生的光荣。重新勇敢地让它们接受阳光的照耀吧!而且,要牢记你得到它们的过程,你一定要骄傲地带着它们走完人生路!走吧,让我们现在就出发。'"

汤姆·琼斯顿在深深的感动中跟上了太太的步伐。太太的话语就像一阵风,已经将他心中乌云一般的影子吹得无影无踪。

可见,太太的鼓励在某些时候是多么的重要,它可以让一个男

人重拾自尊。

波士顿商会的销售代表俱乐部，主办了一个有关推销术的课程。在这个课程的最后一个晚上，所有销售代表的太太们都被邀请前来参加。这些太太们欣赏了一个特别的节目，这个节目主题是：去鼓励你们的丈夫，使他们变得更有智慧，而且能得到更好的销售成果。

销售顾问大卫·盖·鲍尔博士，是《过新生活》一书的作者。鲍尔博士在演讲中勉励每一位太太，在每天早晨先生外出工作的时候，希望她们用积极的话语使他充满信心而且心情愉快。

鲍尔博士说："让他觉得自己已经成为他理想中的那个人。夸奖他的外表英俊，称赞他的翩翩风度。最主要的是告诉他，你相信他能够征服顾客——你能做到，最后，他也一定能做到！"

你可以尝试一下鲍尔博士这种方法，有百利而无一害。

与我们将要获得的东西——更快乐和更热心的丈夫相比，我们付出这些小努力是非常值得的。

身为杰出桥牌手的艾礼·卡柏森的例子，再一次印证了这一点。

在一次访问中，卡柏森说："我在1922年刚到美国的时候，不论做什么，都以失败告终。那时，我甚至贬低自己是个最差劲的桥牌手。从我娶了一位名叫约瑟芬·狄伦的迷人的桥牌老师做太太以后，一切都改变了。她鼓励我，使我坚信自己是一个很有潜力的桥牌天才，所以到最后，我才取得了现在的成功。"

　　妻子使男人发挥出最大能力的有效方法即真诚的赞美和激励。女士们，竭尽全力吧！只要你给予真诚的赞美，相信你的丈夫一定会变得更优秀、更成功。当然，你自己也会变得更幸福！

3. 唠叨不休的女人让男人敬而远之

1852年，法兰西第二帝国皇帝拿破仑三世——拿破仑·波拿巴的侄子，爱上了全世界最美貌的女人——尤金妮·迪芭女伯爵，他们迅速坠入情网，并很快结了婚。

大臣们纷纷议论："她不过是一位地位并不显赫的西班牙伯爵之女。"拿破仑三世却反驳说："这有什么关系？"

是的，拿破仑早已沉醉在她优雅迷人的美貌中，他感觉如神仙般幸福。他甚至在一篇皇家公告中公然宣称，即使全国人民反对，他也绝不后悔。

他说："我想让一位我所敬爱的女人成为我的妻子，我不想跟一个与我素不相识的女人结婚。"

拿破仑三世和他的新娘，拥有着完满婚姻所具备的"圣火"：健康、权力、美貌、爱情——婚姻的圣火在人世间似乎从来没有燃烧得如此炽热。然而，这圣火并没有燃烧多久，那炽烈而耀眼的火焰就渐渐地熄灭了。

也许你要问：这是为什么呢？尽管拿破仑可以使迪芭女伯爵坐上皇后的宝座，但无法以他爱情的力量、国王的权威，使她对他无理的、无休无止的唠叨稍微停歇下来。

嫉妒和猜疑困扰着迪芭，所以，她变得无视他的权威。她不允许拿破仑有一点点个人隐私。无论何时，无论何地，她都不管不顾。比如，她冒失地闯入拿破仑正在处理国事的办公室；她不允许拿破仑独处，因为她担心拿破仑会和别的女人约会；她经常去她姐姐家哭诉、抱怨，她埋怨自己的丈夫，她不停地唠叨哭闹；她还会强行冲进他的书房，大发雷霆，辱骂自己的丈夫。

拿破仑三世虽然贵为法国皇帝，拥有无数财富，拥有许多豪华的宫殿，可他却找不到一间可以让自己能够安静下来的房间。

她这样无理取闹，结果怎样呢？

在莱茵·哈特的名著《拿破仑与尤金妮·迪芭——帝国的悲喜剧》一书中，我们可以找到答案："从此以后，拿破仑经常在晚间由一个亲信侍从陪伴，从宫殿的一扇小门偷偷溜出去。他用一顶软帽遮住眉眼，去与一位正等待着他的美丽女郎幽会。他们有时去游览巴黎这座古老的城市，有时去欣赏神仙故事中连皇帝也见不到的街道美景。他尽情呼吸着皇帝本该拥有的自由空气。"

这就是这位皇后经常唠叨的结果。

她高居法国皇后的宝座，她的美丽盖世无双。然而，皇后之尊、超群的美貌都不能使自己的爱情在这种吵闹的气氛下继续存在。迪芭曾放声痛哭："我最害怕的事，终于降临到了我的头上。"然而，她却不知道，原本可以很幸福的生活，正是因为她的唠叨才被葬送了。

在地狱中的魔鬼所发明的破坏爱情的所有恶毒手段中，最厉害的就是唠叨了。即使贵为一国皇后，即使是全世界最美丽的女人，如果整天对自己的丈夫喋喋不休，她一样会被抛弃。

喜欢唠叨的女人不止一个，俄国大文豪托尔斯泰的夫人也是这样的女人。然而，等她发现自己的问题时，已经悔之晚矣。临终时，她向自己的女儿们忏悔道："你们的父亲是因为我才去世的。"

托尔斯泰是历史上最著名的作家之一，他创作了《战争与和平》《安娜·卡列尼娜》等世人皆知的名著。在文学领域中，这些著作闪耀着耀眼的光辉。托尔斯泰为人们所拥护，他的支持者终日追随在他的身边。即便他说类似于"我想我该去睡了"这种平淡无奇的话，也会被人们记录下来。

托尔斯泰中年以后开始关注中下阶层人民的生活。他致力于写宣传和平、消弭战争、解除贫困的小册子。他为自己年轻时犯过的各种难以想象的罪恶和过错忏悔着……他虔诚地遵从耶稣基督的教诲。

他把所有的土地都送给了别人，自己过着清贫的生活。他去田间干农活、伐木、堆草，自己做鞋、打扫屋子、用木碗盛饭，而且尝试尽量去拥抱他的仇人。

但是，托尔斯泰的妻子却爱慕虚荣，喜欢过奢华的生活。她渴望拥有显赫的地位、崇高的名誉、世人的赞美、用不完的金钱。托尔斯泰坚持放弃他所有作品的出版权，不收任何稿费、版税，她为此而哭喊、谩骂、唠叨不止……她以死威胁丈夫，说要吞鸦片烟膏自杀，还说要跳井。这样的情形持续了很多年。

在某个夜晚，托尔斯泰的妻子，这个年老、伤心、渴望着爱情的女人跪在他膝前，央求他朗诵五十年前他为她写的美丽的情诗。他读到那些美丽的诗句，回想起两人之间曾有过的那些美丽而甜蜜的日子时，不由得痛哭起来……

然而，那样的美好时光再也回不去了。

托尔斯泰82岁时，再也无法忍受家庭的折磨，在一个大雪纷飞的夜晚逃出了家门。11天后，饥寒交迫的托尔斯泰得了肺炎，倒在一个车站里。临终之时，他唯一的请求是：别让他的妻子来看他——这就是托尔斯泰夫人为她的埋怨、吵闹、无理谩骂所付出的代价。

　　也许，在有些人看来，她并没有什么大错，在一些地方吵闹也不算很过分。没错，我们可以认同这种说法，但是，这并不是我们最终讨论的问题。最重要的一点是，她那种永无休止的吵闹对她一点帮助都没有，而且让她终身遗憾。

　　这就是迪芭皇后、托尔斯泰夫人和丈夫吵闹的结局。她们原本应该得到幸福的生活、美满的婚姻，然而，最终她们得到的却只是生命中的一幕悲剧。她们亲手毁灭了她们所珍爱的一切，包括爱情。

　　海姆伯格在纽约的家事法庭工作了十一年，曾接手过很多"遗弃"案。对此，他的见解是：男人之所以离开家，其中最主要的一个原因就是，他们的妻子不断地吵闹。

4. 放弃指责反而拥有力量

德国军队里有这样一条规定：士兵们在事发之后不允许立即申诉、批评。如果谁要以身试法，便会受到严厉的处罚。这条规定似乎也有用在我们日常生活中的必要。因为这个时间差能让人平息怒气，以免人们说出伤人的话，做出后悔的事！

1845年4月15日，星期六的早晨，林肯躺在一个简陋的公寓的卧室中。这家公寓就在他遭到狙击的福特戏院对面。林肯的伤势过重，几乎没有生还的可能。陆军部长斯坦顿说："躺在那里的，是世界上最完美的元首。"

我曾花费了十年左右的时间，研究林肯一生成功的秘诀。同时我又整整耗费了三年的时间，撰写了一部有关他的著作——《人们对林肯尚未清楚的一面》。

关于林肯的人格和他的家庭生活，我自信，我的研究是最为详尽的。在研究的过程中，我又颇有侧重地做了一项特殊的观察——林肯待人的方法。其中有一个问题："林肯是否任意批评过他人？"经过仔细研究，答案是肯定的。

的确如此，他年轻的时候，在印第安纳州的鸽溪谷，他不但出言不逊，而且还写信作诗去大肆讥笑别人。林肯在伊利诺伊州的春田镇挂牌做了律师后，他还在报纸上通过发表文稿，公开攻击与他敌对的人。

1842年秋季，林肯讥笑一个叫西尔兹的爱尔兰政客，这个人向来自大、好斗。有一次，春田的报上刊登出一封未署名的信讽刺西尔兹，他受到全镇人的大肆嘲笑。这件事顿时激起了这位平时敏感而自大的人的心头火。当他查出是林肯写的这封信时，迫不及待地骑上马就去找林肯决斗。

林肯一直反对决斗，始终认为那是野蛮者的游戏。但这次他不得不做好充分的准备。到了指定的日期，他提着马队用的大刀和西尔兹在河滩上准备决一生死。但在最后一分钟，双方的助手阻止了这场决斗。

这件事给林肯在待人方面一个极宝贵的教训。从此，他再没写过羞辱别人的信，也不再讥笑人家，他甚至不再为任何事批评任何人。

还是这位林肯，后来美国的总统，他一生的大悲剧不是被刺杀，而是他的婚姻。

林肯夫人几乎用了四分之一世纪的时间批评她的丈夫。在她的眼中，林肯从来就没有对的时候。她严厉批评他走路时的姿态：没有弹性且姿态不够优雅。

她甚至用模仿他走路的样子大肆取笑他，还亲自示范，强调他走路时要脚尖先着地，就像她从孟德尔夫人寄宿学校所学来的那样；还有他的两只大耳朵，成直角地长在头上的样子，她也不喜欢；她甚至还说他鼻子不直，嘴唇太突出，手和脚太大，而头又太小……

林肯并没有因为夫人这样的批评、咒骂、发脾气而改变自己。他只改变了一点，那就是对妻子的态度。他开始深深痛悔他的不幸婚姻，想方设法地尽量避免和她在一起。

因此，如果你想家庭生活幸福快乐，请记住："绝对不要不顾丈夫的自尊，随意地批评他。"

在家庭生活中，我们要设身处地地为家人考虑，并竭尽全力做到自我克制。批评的话语切莫用到任何一个家庭成员身上。对于夫妻二人的任何一方来说，宽容大度总是要比挑剔和斥责的效果好上一百倍。因此，夫妻在共同生活的过程中一定要大度，尽可能地包容家人大大小小的过失。

在政治生涯中，狄斯累利最强有力的对手是格莱斯顿。凡遇到国家大事，他们俩就会针锋相对。但是他们有一个共同点，他们都拥有非常幸福的私人生活。

在格莱斯顿和他的妻子凯瑟琳共同生活的近60年的时间里，两人一直相敬如宾。

格莱斯顿在公开场合是一位值得敬畏的人物，但他在家里从不发脾气。当他到楼下吃早饭，而全家人却还在睡懒觉时，他不会怒气冲冲地把他们一个个叫起来，而是用大声唱歌的方式来告诉还没有起床的家人：全英国最忙的人独自在楼下等候他们一起用早餐。

陶乐斯·迪克丝是美国婚姻研究方面的权威专家，她认为：50%以上的失败婚姻，都是由配偶的唠叨和指责造成的。

因此，女人们，如果你要维持家庭生活的幸福快乐，就要记住这条令你终身受益的规则：不要不分青红皂白地批评、指责你的家人。

5. 和谐的夫妻生活有利于婚姻的和谐

婚姻离不开夫妻生活。性，几乎是婚姻家庭生活的基础，只有理顺了这一关系，其他方面才不会遇到麻烦。

凯瑟琳·贝蒙特·戴维斯博士是社会卫生局总干事，她曾做过一项调查，所获得的结果却令人吃惊——在别人看来非常开放的美国成年人，在性生活方面并不愉快。

戴维斯博士在研究了这1000位已婚妇女的回答之后，郑重地发表了她的见解：美国夫妻离婚的主要原因之一，就是生理上配合的错误——性生活的不和谐。

婚姻的症结是什么？

汉弥尔顿博士说："只有那些极端偏执或非常莽撞的精神病医生，才会说婚姻生活的大部分摩擦不是由性生活的不和谐引起的。

也就是说，如果夫妇之间性生活十分美满，那么，许多由其他因素导致的冲突将会迎刃而解。"

切莫对丈夫的性要求置之不理，除了身体不适，除了你正在生丈夫的气。哪怕只有一次，你的拒绝也会伤害到他的自尊心。

丈夫对妻子的渴求实则是他的最高赞赏。如果哪一天，他对你的身体开始没有感觉和漠不关心，这也许就是你们分道扬镳的前兆！

一个成功的女性在生活中会碰到很多愉快的事情，但要明白，丈夫是最可爱的那一部分。你要心甘情愿地成为他的伙伴——一个在性爱上能够达到最佳状态的伙伴。

保罗·鲍比诺博士是洛杉矶家庭关系研究所所长，他是美国家庭生活方面的权威者。他曾对数千起婚姻纠纷官司做过深入细致的研究。他认为，婚姻的失败常常是由如下四种因素直接引起的：

1.性生活不和谐。

2.消遣意见不同：对如何休闲娱乐存在分歧。

3.受到自身经济条件的局限。

4.心理、生理上的不稳定、异常现象。

请注意，以上四点是依其重要性依次排列的。性生活高居第一位，通常人们所认为的经济因素仅仅排在第三位而已。

著名心理学家约翰·沃特森曾说:"性是人人所公认的在我们生活中最重要的事情,而且被认为是导致婚姻失败的主要原因。"

有若干来我讲习班演讲的医生,他们在谈到这个问题时的说法也几乎是一样的。那么,在今日各项学科都在突飞猛进的20世纪,我们有这么多的书和教育,却仍会因忽略了自然的"性本能",而使婚姻破裂。这难道不可悲吗?

奥利弗·布特费尔牧师放弃做了十八年的传教生涯,去纽约市家庭指导服务中心主持工作。后来他结了婚,他的婚龄也许比许多年轻人的年龄还大。

他说:"早年做牧师的时候,我发现,那些来教堂结婚的男女们虽然对美好的婚姻生活充满了向往,但是直到他们走进婚姻的殿堂,他们仍然是'婚姻的文盲'。"

他又说:"人们对于婚姻中相互调适的大问题只会听天由命,离婚率竟然达到16%这样惊人的数目。这样的结合只能说明,许多丈夫和妻子并没有真正地'结婚',他们只是尚未离婚而已。"

幸福的婚姻,并不听凭于机会,而是需要经营。

布特费尔博士说:"性,只是婚姻生活中诸多愉快的事情的一种。但只有把这层关系调和得很适宜,其他方面的事情才会顺利。可是,又如何使它适宜呢?碍于情面而不好意思说并不是解决问题的方法。感情的缄口不言，必须代以客观的讨论能力，并以超然的态度来对待婚姻。要获得这种能力最有效的办法，除了看一本内容丰富的好书之外，别无良方。除了我自己写的《婚姻与性的和谐》这本小册子之外，还有三部我认为值得一般人观阅的：伊莎贝尔·哈顿的《婚姻中的性技巧》、马克思·爱克斯纳的《结婚性生活》以及赫勒拿·莱特的《婚姻中的性因素》。"

所以，为了使你的家庭生活更快乐，请读一本关于婚姻中性生活的好书。

《美国杂志》在1933年6月刊登了一篇名为《为什么婚姻会有毛病》的文章，作者是埃麦特·克鲁齐尔。

下面，是从那篇文章中摘录出来的几个问题，看过之后，或许你会觉得，这些问题值得回答。如果你对某个问题做出肯定回答，你可以记下"10分"的分数。

问丈夫的问题：

1.你是否还在像过去一样体贴、温柔？偶尔会买一束鲜花送妻子，记住她的生日和结婚纪念日？或常给她一些惊喜？

2.你是否极力地避免在他人面前批评她？

3.除了家庭费用以外，你是否另外给她一些钱让她自己随意使用？

4. 你是否尽力帮助她度过疲惫、容易发怒的时期？

5. 你是否至少拿出一半的消遣时间与她共处？

6. 除了对她有利之外，你是否会尽量避免将她的烹饪手艺或家务方面的能力与你母亲或朋友的妻子做比较？

7. 你是否对她的思想方面、她的社交活动、她所读的书和她对公共问题的看法有兴趣？

8. 你是否让她和别的男人共舞，让她接受他们殷勤的照顾而不说嫉妒的话语？

9. 你是否经常寻求机会称赞她，并表达你对她的钦佩？

10. 你是否感激她为你做的各种琐碎事，如钉扣子、补袜子等等？有没有向她说一声谢谢？

问妻子的问题：

1. 你是否让你丈夫有充分的自由做他所喜欢的事业，不批评他的同事和他在外面的应酬交际，不干涉他选择秘书？

2. 你是否尽力使你的家庭充满幸福融洽的气氛？

3. 你是否总是更换家里的菜谱，使他吃得开心？

4. 你是否对丈夫的事业有所了解，和他讨论并提出见解来？

5. 你是否能勇敢、轻松地处理你们所遇到的经济困难而不批评你的丈夫，或将他和别的有钱的朋友做不利的比较？

6. 你是否特别努力地让自己和婆婆或其他亲属和睦相处？

7. 你是否注意你丈夫对衣服颜色及款式上的喜好？

8. 为了家庭和睦幸福，你是否会做出一些让步？

9. 你是否努力学习丈夫喜欢的东西，以便使你能和他共享这份消遣？

10. 你是否留意每天的新闻、新书和新思想，以使你能和丈夫有共同的话题？

看过之后，无论你给自己打了多少分，值得庆幸的是，我们都应该找出了婚姻幸福与否的症结所在。

女人们一定要知道性爱对于你们婚姻的重要性——性爱也是需要经营的，娇艳的玫瑰、香醇的红酒、充满爱意的拥抱、耳鬓厮磨的私语……都是提高你的婚姻质量的必备课程。

男人不是天生的性爱高手，女人也不要压抑自己的本性，让你们的和谐关系从保鲜的性爱开始。

6. 放弃控制男人，反而更有力量

奥格登·纳屈尔在《献给女婴之父的颂歌》中这样感慨：有一个男婴正在这个世界的某个角落成长，他将会是娶走他可爱的小女儿的男人。

既然大多数可爱女婴的父亲都发出过相同的感慨，那我们就不能回避这个问题。但是，从女性的角度考虑，一辈子容忍男人的任性是件可悲的事情，但没有男人可以让她去容忍，则更为可悲。

这个世界上有一半人是男性，女性在生活中不可避免地要和男人接触，所以，女性和男性相处的技巧，成为每个女人不可回避和必须要解决的问题。

我们不得不接受男人和女人之间存在差异这个事实。那么，作为女人，多考虑一下如何与男人相处，应该不是一件坏事。

男人希望女人能为他做什么事呢？或者还可以换一种说法：具有哪些特性的女性容易让男性喜欢和她在一起呢？

以下几条行之有效的规则，也许可以解决众多女性的困惑。

一、温和体贴、乐观向上

家庭问题专家桃乐丝·迪克斯指出："男人选择妻子的首要条件就是女人要性格乐观。"一个单身汉曾经坦率地说，一个快乐、温柔、性情温和的女人和一个愁苦、愚钝、性情暴躁的女人之间根本就没有任何可比性。因为任谁都会毫不犹豫地选择前者！

一个女速记员，就这份工作而言，她不能算合格。因为她做不到准确迅速地记录和打字，但是，她却能在这个工作岗位上一直干到结婚和退休，她那快乐如天使般的性情如同阳光一般照亮了所有人。不管别人的牢骚、抱怨和批评有多么严重，只要有她在，一切都会迎刃而解。即使她不做任何事情，也值得付给她那份薪水。

二、做男人所需要的好妻子

杰克·弗里克是美国高尔夫球公开赛冠军。他曾为纽约《世界电讯报》撰写文章，详细描述了他如何克服不利局面，获得两个市立高尔夫球场特许经营权的艰辛历程：当时，杰克面前的任务极为艰巨，他既要保住特许经营权，又要为了参加比赛加紧练习。在十分辛苦的情况下，他幸运地娶了芝加哥的丽·伯恩斯泰做妻子。丽成了杰克的事业帮手，她让他有更多的时间准备比赛。

1952年开始，杰克带着一家奔赴全国各地。丽负责照顾一岁多的儿子克瑞罗，而杰克则马不停蹄地参加各地的巡回公开赛。杰克说："丽从不跟我上球场，谁见过邮差带着妻子去送信？"

但是，丽·伯恩斯泰总在他身边安排好一切，免除了他的后顾之忧。像丽这样的女人，才是男人所需要的好妻子。

弗洛伦斯·梅纳德太太是纽约州北部小镇上一个普普通通的家庭主妇。前十六年的婚姻生活中，她除了料理家事以外，几乎没有别的爱好，所以，她总是觉得生活似乎欠缺了一些东西。后来，她终于知道，自己缺少的是伴侣间的心灵交流。于是，梅纳德夫人立即采取行动，下定决心改变这种现状。

梅纳德夫人说，她丈夫的主要兴趣就是职业曲棍球，所以，她把培养自己对这项运动的兴趣作为切入点。当她把曲棍球的知识彻底弄明白之后，也对这项运动产生了浓厚的兴趣。从此，看曲棍球比赛不再是丈夫的个人专利，和丈夫相比，她的热情丝毫不差。从此，她不仅和丈夫有了更多的话题，而且有了新的活力。从此，她再也不会一个人坐在家里无所事事了……

三、做一个出色的倾听者

女人的话太多——这几乎是所有男性的共识。他们的意思是指，女人抢走了本该属于他们的说话机会。许多女人错误地将倾听理解成一声不响地坐在那里。其实，一个合格的倾听者会在适当的时刻加入到谈话当中去，用自己的话语引导对方侃侃而谈！

倾听别人谈话时，最重要的就是集中注意力。眼神不要飘忽不定，表情要尽量放松自然，而且要随着听到的内容做出相应的反应。一个面无表情的听众，是最让说话的人觉得扫兴的。

出色的倾听者一定会积极配合说话者。以前曾有一种说法：一个女孩子如果想博得男人的欢心，只需要在男人描述自己某次成功的经历时，抬头凝视他，并适时地插上一句"天啊，你真是了不起，你简直是个天才！是我心目中的王子！"之类的话就足够了。

不过，现在这种理论已经有点行不通了：更多女孩追求事业上的成功，她们觉得，完成从精明的女强人向愚蠢的小女孩的角色转变困难重重；而男人们也越来越精明，他们能分辨得出谁是真心倾听的女孩，谁又是装傻想缠住他的女孩。

在倾听时，最好的沟通方法，就是把握时机地问他一个问题，以表明你正在认真地倾听。有时候，你还可以偶尔提出你的不同见解，这样就不至于使交谈单调。如果你支持他的说法，并且在某方面颇有经验的话，就不妨在他谈话停息的间隙提出来。但是，要注意，语言表达一定要简洁，切不可滔滔不绝，更要时刻牢记，对方才是谈话的主角。

女人一旦学会了倾听别人讲话的艺术，就会与男人相处得更加愉快，也会和更多的人成为朋友。最重要的是，这种倾听也是提升女人自身气质的好机会。

四、做一个适应能力非常强的妻子

下面的这种场面，也许你已司空见惯：

丈夫说："今晚我们请老朋友吉米和玛贝尔过来吧，我们很久都没见过他们了。"

妻子回答说："好的，顺便也请海伦和汤姆来吧，因为最近我们已经到他家去过两次了。"

接下来的事情就是：

"啊，天哪！海伦的妹妹在她那儿住，我们必须找个男伴来陪她。你赶紧去熟食店多买些啤酒和乳酪脆饼。我负责打电话，然后化妆，换衣服，收拾东西。我换衣服的时候，你最好用吸尘器清洁地毯。"

此时此刻，她的丈夫一定希望当初自己没开口提出建议。他原本只想安静地陪一两个朋友简单地聚一聚，结果却招来了一屋子客人。

我认识一个适应能力非常强的妻子，她的丈夫喜欢临时决定去度假。他常常扔下一份旅游广告，就迫不及待地给妻子打电话："亲爱的，收拾好行李，明天早上我们去夏威夷度假。"

这时，早已习以为常的妻子会很快收拾好装了泳装的手提箱，将小鹦鹉托付给邻居照顾，然后，将所有的约会全部取消，等着第二天早晨上船出发。

她说："这很简单，没有什么难的！你只要确定谁是你最关心的人就行了。任何一个女性只要稍加训练，就都可以轻而易举地做到。"

男人突然想到一个主意时，会马上将它付诸行动！假如女人无法及时适应这种冲动，无疑会令他们感到十分气恼。

要学会适应男人的心情，这是女人赢得男人青睐的最好办法。

只有很快就拥有这种适应能力的女孩，才能在如何与男人相处的道路上抢占先机。

五、既能干又具有女性魅力

一次上课时，一个女孩向我倾诉，说她因为自己太能干而失去了一个很合适自己的男人。这个女孩在公司担任经理一职，平时惯于发号施令，无论是制订计划还是开展工作，一切都是那样得心应手。但是，在处理男女关系上她却无法如此游刃有余。

她这样分析自己说："我发现，在我们交往的过程中，因为我的过分能干，总是抢先做好了一切，他甚至从没有机会按下电梯按钮。他的男性气概被我抹杀了，最终的结果是我失去了他，这一切都是我自作自受。"

想想现在的女孩实在是可怜。她们为了嫁给自己中意的男性，除了要保持自身的成功和独立之外，又必须牢记，自己是一个富有女人味的女孩。可是现在，男人被惯得鱼和熊掌都想兼得：要求女性不仅要具备女性的魅力，还要有足够聪明的头脑。必要的时候，最好还能帮助他发展事业和增加财富。

所以说，没有什么是容易得来的！为了未来生活的安稳和幸福，女人们，我们现在要潜心经营自己！你可以这样去做：工作时，充分地施展自己的才能，做老板不可或缺的得力助手；下班之后，则是一个鲜活靓丽的女性，让那个与你约会的男人觉得，你是一个极富魅力的女人。

六、做跟自己的年龄相称的事

一个老女人打扮成少妇模样：紧绷绷的服装、一头假发、8厘米高跟鞋、一对假乳、艳丽的红唇……这是最让男人感到滑稽可笑的事情了。而其中更为可悲的是：女人拒绝接受成熟。

她会固执地认为，只有年轻的女性才有魅力，女人的魅力全在于年龄。可是她不知道，经过时光打磨过的女人，才是最美丽且富于女性魅力的！

七、男人不是女人的敌人

发明"两性战争"这个词的人，一定是个狂热的战争鼓吹者。无论如何，男女之间的性别差异绝不应该成为双方斗争的原因。女人乐于接受母亲的角色，男性也必须尊重女性在人类生活中担任的这个特殊角色。

但是，不论结婚与否，一个人都要坦然接受自己的性别角色，它是态度端正、感情成熟的表现。如果不能有这种基本的认识，男人和女人之间就毫无幸福可言，结果就是让婚姻家庭成为男人和女人之间的战场。

女人如何与男人相处，根本就没有固定的公式可供套用，也不能套用公式。人与人之间存在着巨大的性格差异，凡事要因人而定。男人和女人争取成为相濡以沫的朋友，在人生道路上携手并进。

7. 用感激的态度对待生活

不论男人或女人，都渴望得到赞美和爱。如果你能衷心地向对方表示赞美，并时时给予关怀，你就不会失去他。

女人在打扮时髦和穿着入时方面，是极肯下苦功夫的。男人几乎都知道，女人非常注意衣着打扮，可是他们却常常忽略这一点。如果两对男女在街上相遇，这位女士很少会看另外一个男人，她们通常会注意对面的那个女士的穿着打扮如何。

我的老祖母活到98岁高龄，就在她去世前不久，我们给她看一张很久以前她所照的相片。她的眼睛不太好，看东西已经模模糊糊了，但她只问了一个问题："那时我穿的是什么衣服？"久病在床且已风烛残年的老祖母，她甚至连自己的女儿也认不出来，却仍然还想知道自己穿的是什么衣服！

我曾经摘录过一篇故事：农村里的一个女人辛苦了一整天，晚饭时，她把一大堆牧草放在丈夫和孩子们面前。当他们愤怒地问她是否发疯的时候，那个女子回答道："我怎么知道你们会注意到自己吃的是什么东西？我已经替你们做了二十多年的饭，时间足够长了。对于我做的饭你们说过什么话吗？难道这不让我怀疑你们吃的是草吗？"

沙俄时代，莫斯科和圣彼得堡上流社会的贵族们对于礼貌十分注重。当他们享受了一顿美好可口的饭菜后，他们必定会要求主人把大师傅请出来，当面给予夸奖。

你也完全可以在你太太身上试试这种方法：当她做了一盘美味可口的炸鸡排时，你告诉她你非常欣赏她的手艺，她做的菜特别棒，你非常喜欢吃！就像格恩常说的那句话一样："尽力地为那小女人喝彩一番。"

你这样做的目的，是为了让妻子清楚地知道：她对于你的幸福快乐具有不可磨灭的贡献。

狄斯累利是英国一位声名显赫的大政治家，他这样说过："我得自夫人的帮助，比得自世界上任何其他人还多。如果我还算有所成就的话，那么一切应归功于她。"

他从不介意天下人都知道他得到太太多大的帮助，虽然只是简短的几句赞美、欣赏之词，却足以使他的夫人得到莫大的安慰。

可以说，真诚的赞赏是处理夫妻关系最好的润滑剂。在婚姻和家庭中，赞美可以拉近夫妻之间的距离，让你拥有更多的幸福快乐。

对于一直以来不断给你带来帮助的伴侣，一定要适时地赞赏。否则，辛苦付出却没人领情的结果，会令人沮丧万分。

有一天，我翻杂志时看到一篇关于埃迪康特的访问记录，上面白纸黑字地写着："在这个世上所有帮助过我的人中，毫无疑问，我的太太是付出最多的人。我们是青梅竹马的伴侣，她一直鼓舞我勇往直前。我们结婚以后，她节省下每一块钱，并拿去投资再投资，替我积累了一笔财富。现在，我们有5个可爱的孩子，她为我布置了一个温馨的家，在此，我要向我的太太表达我最为真挚的感谢！"

在好莱坞的花花世界里，婚姻似乎就是冒险。但是，著名的电影明星巴克斯特的婚姻却羡煞旁人。巴克斯特夫人为了家庭放弃了如日中天的舞台事业，但她的牺牲并没有破坏他们的幸福。"虽然她失去了舞台上无数的掌声和赞美，"巴克斯特说道，"可是现在，我时时刻刻都在她的身边，我随时随地都要让她知道，我在为她喝彩。"

很多人对于不用花钱的赞美十分吝啬，即使在心里对哪个人佩服得五体投地，这种心情也很难从他们的口中表达出来。但是希望得到别人的赞赏与肯定是人发自心底最殷切的需求。

　　所以，女士们，如果你想与丈夫相处融洽，想成为一个受他喜欢的人，就要给予他最想要的肯定，学会发自心底地赞美他。

　　真正让别人喜欢你的唯一办法，就是给予他们迫切想要的东西。这自然又产生了新的疑问：一个人最需要的到底是什么呢？

　　小时候在密苏里州的乡间度过的那段快乐时光，我至今想起来仍然记忆犹新。

　　在家畜展览上，我父亲养的一头品种优良的白牛和几只红色的猪获得了特等奖。父亲的骄傲之情可想而知！那条获奖蓝带他总是小心翼翼地保存着，只要是家里有客人到来，他就会拿出来好好展示一番。

　　其实，真正获得冠军的那些牛和猪只求吃饱喝足即可，丝毫不在乎那条蓝带的价值。我的父亲对它爱护有加，只是因为这给他带来了荣耀和赞美。他觉得，自己在别人眼中得到了充分的肯定和重视。

　　事实上，不管男人还是女人，这种来自他人的肯定和重视，就是人们最想要的东西。人类本性中最深切的需求，就是得到别人的肯定和重视，这其中当然也包括许多伟大的人物。

　　美国第一任总统乔治·华盛顿最喜欢别人称呼他为"总统阁下"，发现美洲的航海家哥伦布曾经要求女王赐予他"舰队总司令"

的头衔，伟大的作家雨果最希望巴黎市能改名为雨果市，就连大文豪莎士比亚，也总是想尽办法给自己的家族谋得一枚能够象征荣誉的徽章……

"食欲、性欲、求生欲"是人的三大本能，那么对于生在现代社会的我们来说，对得到肯定的热切渴望，在一定程度上甚至超过了基本的需求。

林肯先生就曾这样说过："人人都喜欢受到称赞。"受到别人的尊重和赞赏是每个人的渴望，已经获得成功、拥有了很多的男人们永远不会对赞美声产生厌倦。而其中他们更希望自己得到的重视来自于女性，特别是自己所爱的女人。

鲍宾诺是洛杉矶"家庭关系研究会"的主任，他曾这样说道："大部分的男人，在寻找太太的时候，他们不是去寻找一个精明强干的女子，而是在找一个愿意满足他的虚荣心，并能够使他们觉得超人一等的女性。"

当一个公司或机构的女主管（未婚女性）应男士之邀去吃饭时，这位女主管在餐桌上滔滔不绝地讲述她在哪个名校或是场合所学到的渊博学识，饭后，她甚至还坚持要付自己的账。这样做的结果就是：以后她就得学着一个人吃饭了。

生活中还有与这相反的例子：一个没有上过大学的打字员小姐

被一位男士邀去吃饭。她无限钦佩地注视着她的男伴："真的很不错，我实在是太喜欢了！你再说点有关你自己的事好吗？"

结果自然不言而喻，这位男士定会告诉别人说："虽然她并不是很美丽，但我从来没遇到过比她更会说话的人了。"

所以，女人们，如果你想要使家庭幸福、美满、快乐，千万要把这句话牢记在心：给予对方真诚的赞赏。

8. 男人沉默时，女人该怎么办

在婚姻生活中，有一个问题总是摆在女人面前——男人很多时候会突然间沉默不语。如何解决这个问题，如何把握好这个时机，是增进夫妻间亲密关系的关键。

当女人不停地诉说衷肠时，男人却突然变得沉默，并对交流表示反感，这对女人来说是很难理解的。

最初，女人可能会怀疑，是不是他听出了什么问题？不然他为什么会表现得表情茫然，完全不愿交流呢？

其实，在思考以及加工信息的方式上，男人和女人截然不同。

女人能够把心里的感受清清楚楚、彻彻底底地说出来，因为她的内心世界是完全透明的。并且，如果听她说话的人能够积极配合她的话，她便会更加毫不犹疑地将自己的感受毫无保留地吐露出来。

女人喜欢这么做，同时也从中得到了快乐。

但是，男人却是完全相反的。他们总是因为各种原因沉默：需要休养时沉默，需要疗伤时沉默，需要专心思考时沉默……

而女人选择沉默，可能是因为担心语出伤人，因而选择一句话也不说，也可能是因为不信任对方，不愿和对方交流。

所以，从自己的感受出发，女性就非常容易误解男人的沉默，她会立刻做出判断，并总是往坏处想：他是不是讨厌和我说话？我所说的东西他不感兴趣？还是他嫌我太啰唆了？

由于对男人沉默的不了解，当男人沉默时，女人常常不停地发问，想要了解男人的想法和感受。她认为这样一来，男人的感觉就会大为好转。可是结果却出乎意料，她的一番好意却适得其反：男人因此更加沮丧和烦恼，甚至大发雷霆。

女人出自本能的方式支持男人，其动机无可挑剔，但却白忙活了一场。于是，她感到不解、难过和愤怒。在进行了无数次尝试，却遭到意想不到的失败结果后，女人开始心灰意冷，放弃交谈。但这究竟是怎么回事，她还是没有弄清楚。

不论是男人还是女人，都不能想当然地行动。正如我前面所讲的，男人喜欢沉默，其原因或许很多，有时，他的沉默是不可或缺的。要是男人沉默，女人千万不要盲目行事，或以为自己出了问题而坐立不安，这并不意味着男人绝情或你们的感情出了问题。但女人过多地干涉男人的感受，就会导致不必要的冲突。

如果他渴望独处和沉默，不妨就给他足够的空间和时间，以你的实际行动去支持他。帮助他，这样反倒能收到更好的效果。

当然，大部分的情况下，要想让男人打开话匣子比登天还难。因此，如果女人的确感到自己需要引导男人开口，渴望倾吐想法和感受，她就必须把主动权掌握在自己手中，而不是被动等待。不过，实施这一计划的关键仍然在于，她需要采取正确的方式来让男人开口。

一旦她采取的方式不对，甚至是用强迫的态度，男人就会感受到压力，即使是原本有话要说，也会下意识地抑制住自己的内心冲动。

在试图打破男人沉默的局面前，女人必须接受的一个前提是：有时候，男人乐于交谈，有时候，他却会逃避，女人不要认为男人随时都准备好倾听了。当女人有交谈的欲望时，应先暂停一下，接近他，看看谈话的时机是否合适。

简单地问他几个问题，就可以知道他的情绪是否适合交谈。比如，问他："今天工作如何？"如果他回答"很好"或"一般"，那就说明他希望沉默，那么你最好也缄默不语。

如果男人的确非常渴望静静地独处，明确表示现在还不想谈，女人自然也不必勉强。

男人的初衷多半是："不论我说还是不说，你都应当接受！"

因为他需要认可和接纳。只有这样，他才能鼓起勇气、坚定信心、与女人尽情交谈。如果女人强迫男人开口，或者因为他的沉默而怨恨，男人就会失落和懊悔，急于逃避。在他看来，女人对他，既不接纳，也不信任。

男人有一个非常明显的特征：他们开口说话时，往往需要一个理由。

男人极少像女人那样，只要有人倾听，就愿意说话，就不自觉地从一个倾听者变成了一个倾诉者，开始和她侃侃而谈。如果没有感受到女人的激励和感激，男人就会觉得，谈话和倾听都没有意义。而对于一件无意义的事情，男人通常都不会重视。

当女人和男人准备坐下来好好地谈一谈时，女人千万要记住：不要提出大量怀疑性的问题，逼迫男人作答；更不要流露出命令的口吻，迫使男人说话。

她唯一需要暗示给男人的是，他坐在那里，只要能够聚精会神地倾听，哪怕什么都不说，她都会感激他。

比如，女人对男人说："亲爱的，我最近碰到了一些问题，我想把它说出来，那样感觉会好很多。"

男人会因为自己的倾听可以帮助女人，就认真地倾听。这种感激会让男人振奋，让他以更大的兴趣倾听。

接下来，他可能就会参与到谈话中。这样，一切就水到渠成了。

第三部分：职场篇

和自己喜欢的一切在一起

1. 乐在工作中的女人最有魅力

我们常说：做自己喜欢的工作，那是一种享受，否则，工作只是一个饭碗和一份职业而已。女人取得事业成功的途径有很多，其中最为关键的是：选择自己喜爱的行业，做自己喜欢的工作。因为只有喜欢，才会为之付出，才能尽展自身才华，才能向成功的目标迈进。

如果你现在还不满18周岁，那么你，必须要做出人生中两项重要的决定——这两项决定将改变你的一生，无论对你的幸福、收入还是健康，都会产生深远的影响。

首先，你将以何种方式维持你的生存？也就是说你打算做什么职业？你是做一个工人、农夫、警察、化学家、军人，还是一名教师、公务员、推销员，或是摆一个摊子？

其次，你将选择谁做你白头偕老的伴侣？也就是说你选谁做你孩子的父亲或母亲？

哈瑞·爱默生·福斯迪克在他的著作《透视的力量》中说："每个男孩在决定如何度过一个假期时，都是赌徒，因为他必须以他的日子做赌注。"

这两项重大决定如同赌博一般，充满着不确定性，那么，采取何种方法才能把这种赌博的风险降到最低呢？

你首先要付出的努力，就是要尽量寻找你所喜欢的职业。

轮胎制造商吉利奇公司的董事长大卫·古利奇向人们传授做生意成功的要素时说："只有喜欢你的工作，你才能快乐地工作。因为这样即使你工作了很长时间，也丝毫不会觉得枯燥无味。"

大发明家爱迪生就是一个把工作视作游戏的典型例子。这位没在学校待过几天的报童，后来，却用他的数千件发明完全改变了美国的工业。

爱迪生每天都要在他的实验室里工作18个小时以上，连吃饭、睡觉也不出来。但是，任何人都不会从他的口中听到辛苦二字。他只会说："我一生中什么苦活、累活也没做过，我每天的工作都其乐无穷。"

做自己喜欢的工作，再苦、再累也丝毫不觉得，像他这样的人没有理由不成功。

查尔斯·施瓦布也说过与爱迪生相似的话："每个从事他无限热爱的工作的人，都可以获得成功。"

而一个人如果对自己要做的工作缺乏明确的概念，那么决不会对工作产生热情。

美国家庭产品公司工业关系部副总经理艾德娜·卡尔夫人，曾为杜邦公司雇用过几千名员工。她说："我认为，这个世界上最大的悲哀就是，在工作中除了薪水之外什么也没有得到。"

她招聘时，经常会遇到一些大学毕业生跟她说："我获得了某大学的学士学位（或者更高的硕士甚至博士学位），请在你们公司选一个适合我的职位。"

他们说得理直气壮，但其实根本就不知道自己具体能做什么。所以，许多人刚开始时雄心勃勃，但历经人生风雨以后却一事无成，最终深陷在痛苦懊丧中无法自拔，还有的甚至到了精神崩溃的境地。

事实上，是否选择真正喜欢的工作甚至会影响到你的健康。

琼斯·霍普金斯医院的雷蒙·皮尔医生，曾花费数年时间做了一项调查，研究人们长寿的原因。他最终把"正确的工作"排在了影响长寿原因的首位。

这一结论与卡莱尔的名言不谋而合："祝福那些找到自己心爱工

作的人，他们不需再祈求其他的幸福。"

保罗·波恩，是素凡石油公司的人事部经理，他利用20年中至少面试了75万名求职者的工作经验，写了一本名为《获得工作的六个方法》的书。

我曾以"现在的年轻人求职时所犯的最大错误是什么"向他请教，他这样回答："他们不知道他们想干什么。这真是让人吃惊，一个人会费尽心思地选一件穿几年就会破的衣服，但在选择关系他将来命运的工作时，却那么马虎、草率，他好像不知道，自己将来的全部幸福和安宁都建立在工作之上。"

菲尔·琼森接受了父亲的建议，到父亲开的一家洗衣店工作。菲尔的父亲非常希望儿子将来接管这家洗衣店。但菲尔因为不喜欢这项工作，所以表现得懒散消极，对工作敷衍了事。看着儿子如此不争气，父亲伤心透顶，他认为，儿子的不思进取使自己在员工面前很丢脸。

菲尔的父亲对儿子想去机械厂当工人的想法，非常不理解。同时，菲尔固执的坚持也使父亲很是恼火，不过，他最终还是穿上了油腻的粗布工作服，当了一名机械工。这是比洗衣店更辛苦的工作，却是他喜欢的。为此，他快乐地吹起了口哨。

他主动选修了工程学课程，研究引擎，安装各种机械。1944年他去世之前，已是波音飞机公司的总裁，并且研制出了"空中飞行堡垒"轰炸机，帮助盟军赢得了第二次世界大战的胜利。

做自己喜欢的工作，不要因为包括家人在内的其他人的想法或者意见，就强迫自己改变或者顺从。

父母的建议，你要慎重考虑，毕竟他们走过的桥比你走过的路还要长，他们的建议也许对你有所裨益，但是最后的决定权，必须紧紧抓到你自己的手里。因为将来工作时，快乐或悲哀的都是你自己。

前面我已经说了许多选择喜欢的工作的重要性，希望能够引起你足够的重视。现在让我给你提供一些关于选择工作的建议——其中有一些是警告：

第一，认真对待职业辅导员给自己提供的择业建议。特别是要找一位有丰富的职业介绍资料的职业辅导员，并在接受辅导期间充分利用这些资料。充分的就业辅导服务通常需要面谈两次以上，同时，千万不要接受函授性质的就业辅导。

第二，避免选择那些竞争激烈并且人满为患的职业。现在谋生的方法多得是，但年轻人意识到这一点的很少。在一所学校内，许多学生只选择众多职业中的少数几种，所以就容易造成扎堆的现象。

第三，避免选择生存概率低的行业。例如，推销人寿保险。在过去20年，贝特格先生一直是美国最成功的人寿保险推销员之一。他指出，在100个推销员中，90%的推销员首次推销人寿保险时都会伤心沮丧，而且，他们会在一年之内就放弃。至于那留下来的10个人，只有一个人可以卖出这10个人规定销售额的90%，而另外9个人只能卖出10%的保险。

换句话说：如果你去推销人寿保险，那你在一年之内放弃而退出的概率为9：1。即使你留下来了，成功的机会也只有10%而已。

第四，在你决定从事某个职业或行业之前，先花费一段时间全面、细致地了解该项工作。具体做法是，你可以去找那些已从事这一行业多年的人士咨询。你一定要清醒地意识到，这些面谈直接影响到你将来的发展方向。这可能就是你人生的转折点。

第五，千万不要这样理解，这一辈子你"只适合一项职业"。每个正常人都可以在多项职业上取得成功，当然也可能在多项职业上失败。

因此，女人们，如果你想获得平安快乐的心境，请一定记住：选择你自己喜欢的工作。

2. 聪明工作：将乏味的工作变得有趣

如果你是正确的，你的世界就是正确的。知识未必可以创造价值，百分百的态度却可以让你成为优胜者——态度决定一切。

同样的事情，仅仅由于态度的不同，结果就会完全不同。既然我们无法改变工作本身，那我们就改变自己的态度。

夜幕降临，工作了一整天的艾莉丝筋疲力尽地回到家里，饭都懒得吃，就要直接上床睡觉。在母亲的再三恳劝下，她才勉强吃了几口。这时，她男朋友在电话里说请她去跳舞。她立即像换了个人似的，风风火火地冲上楼，换好漂亮的衣服，一直跳到凌晨3点钟才回到家。

母亲在家门口迎接她时，发觉女儿一点儿也不觉得疲倦，事实上，她还兴奋得睡不着觉呢！

面对两件事情，艾莉丝的精神和动作看上去竟然有如此大的差异，那么，开始时她是真的那么疲劳吗？千真万确，她那时的确是处于极度疲劳状态——因为她厌烦工作。像艾莉丝这样的人在我们的生活中比比皆是，你是其中之一吗？

巴马克博士请一群学生连续做了几个实验，并且事先让他们知道这些实验都很无趣。实验结果是：所有的学生都觉得昏昏欲睡、头痛、眼睛疲劳、容易发脾气，还有几个人甚至觉得胃不舒服。

所有这些是幻觉吗？不是。这些学生做的新陈代谢实验显示：当一个人烦闷时，体内的血压和氧化作用实际上会降低；而一旦他觉得工作有趣时，整个新陈代谢就会立刻加速，人会充满活力。

当我们做自己感兴趣的事情时，情绪会很高亢，很少会出现疲倦的状态。

以我为例，我最近在加拿大洛基山的路易斯湖畔度假，在克莱尔小溪边钓了好几天鲑鱼。为了钓到鱼，我必须穿过比我还高的树丛，爬过横七竖八倒在地上的原木。

这着实很费劲，但在整整8个小时的时间里，我丝毫不觉得疲倦。原因何在？因为我喜欢钓鱼，所以，我的神经一直处在非常兴奋的状态，再加上还有6条鲑鱼的战绩。

作为一个脑力劳动者，工作超量并非是使你感觉疲劳的原因，恰恰相反，你的疲劳正是由于工作量的不足。例如，你在不断被人打扰的情况下，事先定好的事情一件也没有完成，回到家时却比平时还要劳累，而且脑袋疼得厉害。

第二天，你的工作效率大幅提升，完成的工作量几乎是头一天的40倍，可是，回到家的你却神采奕奕。

这样的经历能够加深我们的理解和体会：我们的疲劳通常不是由工作，而由忧虑、紧张和不快引起的。

《表演船》是杰罗米·凯恩创作的音乐喜剧，剧中的主人公安迪船长说过一段颇有哲理的话："能做他们喜欢做的事情的人，是最幸运的人。"

这种人幸运的动力来源于自己的投入和兴趣，他会变得更有精力、更快乐，忧虑和疲劳就更少。陪着一路聒噪不止的人穿街过巷，你的感觉一定很疲劳；而陪着心爱的情人走10里，或者更远，你只会感到幸福。

在俄克拉荷马州托沙城一家石油公司工作的一位速记员。她每天的工作就是填写有关石油的销售报表。为了提高工作情绪，她决定主动把它变成非常有趣的工作。

她是这样做的：她每天先把自己设为竞争者，在早上点出昨天填的报表数量，然后，力争在下午超出纪录。结果不言而喻，她成了那个部门中工作最高效的。

赞美、感激、升迁、加薪，她并不需要得到这些好处。她需要的是保持很高的兴致投入到工作中去，因为这样可以把一件毫无趣味的工作变得有意思，这样才不会把自己的生命浪费在低落的情绪上。

下面是维莉·哥顿的故事，她也是一位速记员，住在伊利诺伊州埃默斯特市南凯尼沃斯大道473号。她以前很讨厌她的工作，可是现在变了。下面，就是她在信中告诉我的故事：

"我的办公室有4位速记员，工作量很大。有一次，一个副经理坚持让我把一封长信重打一遍。我坚持认为，这封信不必重打，只要略作修改即可。他的话说得很难听，如果我不想干，愿意做的人多的是！万般无奈之下，我开始重新写这封信。

"因为我清楚地知道，的确是有很多人想做这份工作。我既然做这份工作，就一定要对得起人家付给我的薪水，这样想着我感觉好多了。我暗下决心，尽管我不喜欢这份工作，但我要假装喜欢它。

"接着，我发现自己真正喜欢起了这份工作来，与此同时，我的工作效率也得到了很大的提高。而且，大家对我的工作评价都很高。后来，我做了一位主管的私人秘书，他看重我的理由，就是我很愿意做额外的工作，而且从不抱怨。"

哥顿小姐最后写道："转变心态能释放出巨大的能量，对我来说这是非常重要的发现。因为它的确创造了奇迹。"

威廉·詹姆斯说："我们假装勇敢，我们就会勇敢；假装快乐，我们就会快乐。"

几年前，有一个名字叫山姆的年轻车工厌倦了他的工作——整天站在车床旁边做螺丝。他早就不想干了，但是，找到新工作的希望又很渺茫。于是，他决定着手把枯燥的工作变得更有意思。

他开始和旁边另一个管机器的工人比赛，看谁做出来的螺丝多。管理者对山姆的工作速度和准确度非常欣赏，不久，就将他调到一个更好的职位，而这只是一连串升迁的开头。

30年后，山姆——塞缪尔·瓦克莱恩——成了鲍尔温火车头制造公司的董事长。要是他没有想到将乏味的工作变得有意思的话，也许，他一辈子就只是一名默默无闻的普通工人。

1800年前，罗马皇帝，也是哲学家马可·奥勒留在他的《沉思录》中说："我们的生活是由我们的思想形成的。"

确实如此，正确的想法可以引领你走上正确的道路。姑且不管老板需要什么，只要我们对自己的工作感兴趣，就不会有什么坏处。其他的不说，至少你可以很快乐。

女人们，请记住这一点：对自己的工作感兴趣能使你不再忧虑，最后，还可能给你带来升迁和加薪。即使没有这么好的结果，也可以把你的疲劳降到最低程度，使你有充沛的精力和活力去享受生活。

3. 独立自主的女人最吸引人

我们每个人的工作，都像是我们亲手制成的雕像，是美丽还是丑陋，是可爱还是可憎，都是由我们自己创造出来的，正如我们的人生道路是靠自己走出来的一样。

女人通过工作，可以给自己带来快乐。而且，在这个男权社会，你一定要把握住这个让你不断展示自己魅力和证明自己价值的机会。

斯卡尔·鲁纳德是一位心理学专家，他在调查了2000名男士后得出这样的结果：除了个人收入无法维持家庭收支的男士以外，男士们在结婚以后普遍都希望自己独立地养家糊口，让妻子辞去工作安心地做一名家庭主妇。

调查还补充了一点，几乎所有的男士都愿意娶一个在结婚前有过工作经验的女人。

这种现象看起来既矛盾又奇怪，2000名男士给出的解释是这样的：一个不工作的女人说明她有很强的依赖性，也就是说，她们不能独立自主。

对于男人们来说，这会让他们觉得没有一点儿吸引力。找一个不能独立自主的妻子，对任何一个男人来说都是一件很可怕的事情。

就我个人而言，桃乐丝——我的妻子，她在结婚以前最吸引我的地方，就是她在工作上的出色表现。

我们两在婚前就决定，婚后，她放弃工作，在家做个称职的全职太太。桃乐丝充分利用婚前的那段短暂时间，比平时更加努力地工作着。为此，我向她请教个中缘由，她解释道："我要在最后的时间里好好享受工作的乐趣，毕竟，做一个独立自主的女人是一件让人感到自豪的事情。"

的确如此，能够在保持自身独立个性的同时，又能自主地实现自己的价值，这样的女人足可以得到包括异性和同性在内的很多人的认同。

著名的人际关系学家康纳德·斯塔克在一本杂志上发表文章说："一个独立自主的女人身上所显露出的那种坚强、勇敢、自信等气质，远比那些依赖性过强的女性身上的漂亮衣服和首饰更吸引人。当今，美国女性群体中，最有魅力的就是那些能够或是渴望独立自主的女人。而一个女人的独立自主，主要体现在工作上。"

很多人都认为，女性是社会中的弱势群体，根本经受不住世态炎凉的考验。这个世界永远都是由男人统治的，而女人的本分就是好好地梳妆打扮，将漂亮的容貌展示给男人欣赏。平日里，以在家修身养性和相夫教子为己任。

汤玛斯投资公司的财政顾问艾鲁斯夫人，对持这种观点的人嗤之以鼻，她曾公开发表过自己的观点："我认为，任何一个女人都应该去工作，不管她有什么样的学历、什么样的家庭背景。一个总想着将自己的终身幸福都押在男人身上的女人，是不会得到幸福的。女人不能把自己的命运交给别人。我一直坚信，只有靠自己努力工作养活自己的女人才是最风光的，一个女人想要掌握自己的命运，也需要去独立自主地工作。"

对艾鲁斯女士的这段话，有一位男士是这样说的："艾鲁斯女士是我见过的女人中最有魅力、最勇敢、最坚强的一个。她的一些优秀品质连很多男人都不具备。她从没想过将自己的命运交到男人手中。我对她简直佩服得五体投地。"

另一位和艾鲁斯女士只有过一面之缘的男士这样形容她："艾鲁斯身上散发出一股迷人的魅力，让人无法抗拒。她的表情充分流露出自己对工作的热情和兴趣。同时，让所有的人都为之折服的，更是她那种'巾帼不让须眉'的精明强干。"

一位女学员曾经希望从我这里得到一些建议，那位女士给我讲了她所遇到的烦恼：现在的处境让她不知该如何是好。

原来，结婚之前她是一家商店的财会人员。结婚之后，为了能好好照顾丈夫和孩子，她选择做个全职太太，毅然辞去了那份工作。日子虽然不富有，但也丰衣足食。可是，近期家里却出现了一些意外状况，使得家庭收支吃紧。在这个时候，她特别想再次出去工作，来缓解家里的经济压力。可是，她既怕丈夫不同意，又担心自己难以适应工作的需要。

一直到来我这里，她还没有和丈夫说过自己的想法。于是，我告诉她：什么事情都只有尝试以后才能知道自己行不行。

那位女士回家后，鼓足勇气向丈夫说出了自己的想法。结果，丈夫竟然把她拥抱在怀里说："亲爱的，你真的想出去工作吗？这简直太棒了，我有这样的想法已经很长时间了，只是一直没好意思对你说。"

丈夫对她说："我们刚结婚的时候就定好了：你照顾家里，我在外面工作挣钱养家。但是，随着生活的压力渐渐变大，我也越来越疲惫，尤其是最近一段时间，我觉得自己快要被压垮了。这个家既是你的，也是我的，为它添砖加瓦是我们共同的义务。

"其实，我早就希望你能在经济上帮帮我，但是，我又难以启齿，所以一直保持沉默。说句心里话，亲爱的，家庭主妇的生活让你渐渐地跟社会脱了节。回想你工作时候的那种迷人风姿，真是让我迷恋不已。"

在我的培训班中，有一个连续做了10年家庭主妇的女士说："卡耐基先生，我现在的生活任谁也无法想象有多糟糕——每天都是千篇一律的生活方式和节奏：起床，准备早点，打扫房间，去市场购物，准备午饭，洗衣服，准备晚饭，收拾房间，睡觉。这一切就如同一块磨石，将我的意志和热情磨得几乎一丝不剩。我把自己局限在完全和外界隔离的狭小空间里，我变得越来越闭塞。现在，每天除了照顾丈夫的饮食起居以外，我什么都不知道。以前的我绝不是这样的，那时，我讲究时尚、追逐潮流。可是，现在的我已经颓废得毫无魅力可言，简直就是一个有大脑没有思想的机器了。"

这位女士如今的状况和她自己有一定的关系，但更为深层的原因是终日在家"工作"。过于单调乏味的生活折磨着众多的家庭主妇们，很多人还会因此患上抑郁症。

有一个作家曾经这样开家庭主妇们的玩笑："一个做了5年家庭主妇的女士，和一个做了10年甚至20年家庭主妇的女士相比，她们的区别在哪里？她们既有相同点，又有不同点。相同点就是，她们无一例外地喜欢唠叨；差别就是，做了5年的那个会变得唠叨，做了10年的那个会变得很唠叨，而连续做了20年的那个会变得非常唠叨。而职业女性就干练、干脆得多。"

我在这里用了大量的文字阐明工作对于女人们的重要性，但我要强调的一点是：你永远不要仅仅为了工作而去工作。工作可以让你充满魅力，可是一份连你自己都不知道在做什么的工作，只会让你和魅力的距离越来越远。

美国家庭产品公司的公共关系副总经理埃德娃·克勒夫人曾说："一个人要想将自己融入工作之中，就不要唯利是图地把眼睛紧盯在薪水上。无法融入工作之中，所带来的后果就是你永远也体会不到工作的乐趣。不清楚自己喜欢干什么、能够干什么的人是很悲哀的。因为你自己都体会不到工作的乐趣，所以，别人也只能在你身上看到奔波劳碌的痛苦。"

女士们，如果你对工作持这样的态度——皱紧眉头，唉声叹气，唠叨抱怨，那么，你再听我一句劝告——放弃吧，不要去工作了！

我所强调的"工作中的女人最有魅力"，与"只要是有工作的女人就有魅力"，是完全不同的两个意思。

　　一旦你不喜欢自己的工作，你在工作的时候就不会感受到快乐，于是不可避免地就会产生一种惰性和敷衍了事的心理。如果真是这样的话，我奉劝你们放弃工作，因为，做一名合格的家庭主妇也是非常了不起的。

　　一个好的妻子可以和丈夫一起支撑起家庭。如果你已与丈夫协商好了，再加上你能感受到工作带给你的快乐，我再次建议你，把握住这个让你继续展示自己魅力和证明自己价值的机会。

　　因为，当我们全身心地沉浸在自己所热爱的工作中时，就会感受到前所未有的兴奋与满足，这种兴奋与满足便是一种幸福。

4. 如何克服工作中的疲劳

科学发展日新月异，几年前，科学家们已通过孜孜不倦的研究，发现了人脑工作量的秘密。他们发现：大脑在出现疲劳感之前，能持续工作多长时间。研究结果竟然显示：如果仅仅是单一的脑力事务上的劳动，是绝不会让人产生疲倦感的。

在处于脑力活动中的人流经大脑的血液中，科研仪器没有探测到任何的疲劳因子。而当他们从一个正在从事体力劳动的工人身上采取血样研究，却发现了大量的疲劳因子。

随后，他们试验了很多次，结果显示：一个脑力工作者，比如大科学家爱因斯坦，不管他工作了多久，从他的大脑中提取的血液中始终没有找到疲劳因子。

科学家们据此得出结论：大脑的潜在能量是无穷无尽的。它在从事单一劳动8到12个小时后，灵敏度与刚开始的时候是差不多的。如果是这样的话，那么，疲劳因子是从哪里冒出来的呢？

心理学家指出，人类与生俱来的七情六欲，才是导致我们产生疲劳的根源。英国心理学家J.A.哈得费尔德在《心理的力量》一书中写道："疲劳因子产生于人们的情感，疲劳感是一种综合结果，经过复杂的心理活动产生。单独的脑力或体力劳动，在大部分情况下都不会产生疲劳感。"

美国的布瑞博士说得更透彻："如果一个脑力劳动者的身体十分健康的话，那么，他体内疲劳因子的产生肯定来自他的心理活动，或者，确切地说，也就是七情六欲影响下的产物。"

脑力劳动者的心理活动，或者说七情六欲，究竟是如何创造出的疲劳感呢？是精神亢奋，还是随遇而安？

实际上，兴趣缺乏、愤世嫉俗、情绪不振、强烈的自卑感，以及烦躁不安、忧心如焚等，都会导致脑力工作者机体免疫力下降、工作不积极，甚至心力衰竭。

即使回到家里，他们的生活节奏依然忙乱、紧张，神经衰弱时有发生。这一系列心理活动经常导致人们精神高度紧张，使得机体长时间得不到放松，最终产生疲劳感，甚至病变。

都市人寿保险公司曾如此定义"疲劳"，并把它印在公司的宣传单上："事实上，工作的负荷并不会直接对人构成压力。因此，把疲劳感的产生归罪于体力或脑力劳动本身，是错误的，也是荒唐的。疲劳的三大诱因是忧心忡忡、极度紧张和颓废萎靡。我们无法用睡眠或普通的休息手段来消除由这些原因导致的疲劳感。请保持放松和开放的心态，不要整日愁眉不展、郁郁寡欢，要相信，生活仍是美好的！"

各位朋友，现在，请你放下手中的工作，稍稍远离烦恼，给自己来做一次小测试。你是在愁眉不展地阅读这段话吗？你的眼部肌肉是否感到紧张不已？你的双肩是僵硬的，还是放松的呢？

此刻，若你不能彻底放松你的机体，那么，你的精神状态就依然被紧张包围，你依然是不断地制造低落情绪的元凶。

你也许会疑惑，为什么当我们使用大脑的时候，机体会产生如此糟糕的紧迫感呢？

丹尼尔·裘瑟林是这样解释的："一般人的心理在面对无法完成的工作时，会首先在精神上全力准备。聚精会神会使我们眉头紧锁、表情凝重、手臂僵硬。通俗的看法是，精神上的高度紧张，可以有利于工作，可实际上，却往往是南辕北辙、越走越远。"

那么，怎样才能消除这种有害无益的疲劳感呢？诀窍是：工作任务越重大，越需要放松精神和机体，放松，放松，再放松！

也许，又会有错误的看法冒出来了，认为放松是一件简单的事情。大错特错！许多人可能到死都无法彻底克服在工作中的精神紧张状态，其实，掌握放松且从容镇定的工作方法真的不容易。

然而，正是由于不容易做到，学会掌握它才显得意义重大。

放松心情很可能会开启你的美好生活。威廉·詹姆斯在《轻松的福音》中这样写道："最要命的恶习就是紧张，最优良的习惯就是放松。两者的区别在于：紧张这一恶习可以摧垮一个人，而放松这一优良习惯却能够支撑起一个人。"

怎样才能做到放松呢？先放松内心，还是先放松神经？都不对。你必须从肌肉开始放松。请尝试着给眼部的肌肉放松一下吧。希望你读到这里时，自然而然地让自己靠在椅背上，双眼微闭并摒除一些杂念，缓缓地命令眼睛："现在，开始放松，放松，再放松……"

一字、一词、一句慢慢来，一分钟内，不断重复这样的话。

实际上，不到一分钟，你的眼部肌肉在你的指令下就会有所放松，就像有一双十分温柔的手正在抚摸你，赶走你所有的忧心忡忡、郁郁寡欢或颓废压抑，这一切简直令人难以置信！

在这短短的一分钟内，有害无益的疲劳瞬间就离你远去了，这一分钟，积累着人类在放松上的科学和艺术的结晶。紧接着，在15分钟内，从你的脸部、下巴、颈部、双肩，然后到你的全身，很快，你就能逐个放松一遍。

需要注意的是，眼部肌肉的放松最重要。

供职于芝加哥大学的埃得穆德·杰克伯逊教授曾不假思索地说："只要眼部肌肉获得放松，你就能赶走一切的抑郁和愁苦。"

眼睛，是我们学习放松最重要的器官，因为，眼部肌肉消耗的能量占人体神经总耗能的1/4。许许多多视力很好的人，正是由于不了解使眼部肌肉放松的方法，导致他们的眼睛始终感到疲劳。

小说家维珍·鲍姆小时候，曾有一位老人教过她如何放松自己。

有一天，鲍姆跌了一跤，脚踝立刻肿得很高，膝盖也破了，她因受不了疼痛而号啕大哭起来。这时，恰好有一位老人从这里经过，老人把她抱了起来，给她上了她一生中难忘的一堂课。

这位老人问她："小姑娘，知道为什么摔跤这么疼吗？不过是因为你还不明白放松的技巧。来，我现在教你如何放松。你要想象，自己的身体十分轻松、柔软，像那些旧袜子一样，可以柔软地行动、奔跑。"

原来，这位老人以前做过马戏团的小丑，他教鲍姆和她的小伙伴们不小心跌倒的时候如何把伤害减少到最低的程度的技巧。

他甚至还像老顽童一样教孩子们翻跟头。"把你的身体想象成破旧的、皱巴巴的袜子，那样，你就能收放自如了。"这位老人不断强调的声音，至今还回响在维珍·鲍姆的耳边。

任何地方都可以让你放松，但绝不能让"放松"在你的生活中制造问题。

放松是一种感性的行为，所有强求的放松都会导致痛苦。要让放松从眼部、脸部、下巴，一直延伸到全身的肌肉，尤其要想象糟糕的疲劳感从眼部、脸部的神经向四肢末端转移，最后悄悄消失。

这就是女高音歌唱家盖莉·克丝介绍的放松经验。她在每次演出开始之前，都轻松自如地坐在椅子上，不断让浑身上下的经脉变得更加柔软。这是一条绝佳的练习放松的方法，盖莉·克丝用此方法驱除了登台之前的压力和紧张。从而充分展示她的艺术才华，使她的演出不断地走向成功。

最后，我要给你介绍三条放松自己的日常经验：

1.从办公室回到家后，再看看自己是否还感到累。如果还是感到疲劳，要意识到，这根本不该归罪于脑力劳动，要反省自己的工作方式是否有问题。

2.问自己："我现在焦虑不安吗？我可能要来一次肌肉放松。"

每天坚持提醒自己，培养放松自己的习惯。

3. "今天的工作是否导致了严重的疲劳？这种疲劳最直接的原因是工作，还是依然归结于我的工作方式？"当完成一天的任务时，你要这样反思自己。

丹尼尔·裴瑟林说过："每天检查自己工作成绩的原则，是观察自己是否放松，而不是看自己被折腾得多累，要是结束了一天的工作时，疲劳感向我袭来，那么，我能够说的是，从工作的数量再到工作的质量，今天实在是太差了。"

5. 恰当的衣着打扮令女人更出众

我在从前的文章中和女士们强调过一点，那就是外表对一个女人来说并不是最重要的，只要你有内涵，有气质，就一定可以成为众人眼中最有魅力的女人。

我希望女士们一定要牢记这一点。不过，这并不是说，我就否认了个人仪表的重要性。虽然我们在评价一个人是否有品味和涵养时，仪表仅是一个很小的方面，但它又的确是最直接、最关键的。

女士们的衣着、发型、化妆十分讲究，仅仅是一对耳环都会间接折射出你对生活品质的追求。所以，仪表就像一面镜子，可以将你的情趣、修养以及格调反映出来。

美国铁路局董事长郝伯特·沃里兰曾经不过是一名普通的路段

工人。在一次演讲中，他说："恰当的衣着对于一个人的成功也是非常重要的。我承认，一件衣服并不能决定一个人，但是，一身好衣服却可以让你找到一份不错的工作。如果你身上只有50美元，那么，你就应该花上30美元买一件好衣服，再花10美元买双好鞋。剩下的钱，你还需要买刮胡刀、领带等东西。等做完这些事情后，你再去找工作。请记住，千万别怀揣着50美元，却穿着一身破烂衣服去面试。"

纽约职业分析机构的沃森先生曾经也说过："几乎所有的大公司都不愿雇佣一位不懂穿着和化妆的女职员，因为他们觉得，一个不懂穿衣打扮的女人一定也不懂得如何处理好手上的工作。"

华盛顿一家大型零售店的人事经理也曾说过："我在招聘时，有些原则是必须严格遵守的，决定任何一个应聘者的先决条件，就是他（她）的仪表。"

女士们是否会觉得这很荒谬？的确，一个应聘者能力的高低确实和他是否能够恰当地穿衣打扮没有多大关系。但是，任何人都有对美的追求，公司的主管也不例外。我想，没有人会愿意看到在自己公司工作的是一群衣着邋遢、不修边幅的员工。

　　仪表作为求职的敲门砖这一原则，已经在全美通行。《纽约时报》曾对这一原则大加赞赏并做出了分析。

　　这篇文章这样写道："一个人如果很注意个人清洁卫生和穿衣打扮的话，那么，他也一定会非常仔细地完成自己的工作。相反，如果一个人在生活中不修边幅，那么，他对待工作也必将马马虎虎——凡是注重外表的人也同样注重工作。"

　　英国的莎士比亚曾说过："仪表就是一个人的门面。"

　　这位文学巨匠的说法得到了全世界的认可。在我们身边，经常会看到有人因为衣着不得体而受到人们的指责。

　　女士们可能会和我争辩说："天啊，卡耐基，你怎么如此的肤浅。难道仅仅因为没有漂亮的外表，你就断定他不是一个有修养和内涵的人吗？"

　　我承认，如果单凭仪表就去判断一个人，确实有点草率。然而，无数的经验和事实都已经证明，仪表的确可以直接反映一个人的品位和荣誉感。那些渴望成功的人、希望自己魅力四射的人，无一不会精心挑选自己的衣装。

　　曾经有一位哲学家说："如果你把一位女人一生所穿的衣服都拿

来给我看，那么我就可以凭借想象写出一部有关她的传记。"

心理学家西德尼·史密斯曾说："如果你对一个女孩说，她很漂亮。那么，她一定会心花怒放。而如果你随便地批评她，说她的衣着一无是处、化妆技术糟糕的话，她一定会大发雷霆。

"的确，漂亮对女人来说太重要了。一个女人，她可能将自己一生的希望和幸福都寄托在一件漂亮的新裙子，或是一顶合适的女帽上。如果女士们稍稍有点常识，那么你们就一定会明白这一点的。如果你想帮一个陷入困境的女士，那么，最好的选择就是帮她了解仪表的价值所在。"

我们不妨将西德尼的话和郝伯特的话联系起来。

是的，虽然衣着和化妆并不能造就出一个人，但是，它却的确给我们的生活带来了深远的影响。全美礼仪协会主席普斯蒂斯·穆厄福德就曾说过："一个人的仪表是能够影响到他的精神面貌的。这不是危言耸听，也不是言过其实。你们只要想象一下仪表究竟对你们有多大的影响就可以了。"

在这里，我还要和女士们强调一点，那就是与化妆比起来，衣着对你们更重要。

我们会在大街上看到一个穿着整齐，但却没有化妆的人。可是，我们绝不愿看到脸上化着漂亮的妆却穿着邋遢的女士。

如果我们让一个女人穿一件破旧不堪的大衣，那么，这势必会影响到她的心情。即使这位女士以前是个非常讲究的人，这时也可能会变得不修边幅。因为她的心里会想："反正自己已经穿了一件这样的衣服，那还何必去在乎头发是不是脏了，脸和手是不是不干净，或者鞋子是不是破了？"

这只是外在的影响，这件衣服还会在潜移默化中让这位女士的步态、风度以及情感都发生变化。

相反，如果我们给这位女士换上一件漂亮的风衣，情况就大不同了。她会在心里想："我一定要把自己打扮得非常漂亮，因为只有这样才配得上这件风衣。"

于是，这位女士会悉心梳理自己的头发，脸和手也会洗得干干净净。而且还会化上漂亮的妆。

另一方面，这位女士会想办法挑选那些与风衣相配的衣服来穿，就连袜子都必须相宜。

更进一步的是，这位女士的思想也会随之发生变化，会对那些衣冠整洁的人更加尊敬，同时也会远离那些穿衣打扮敷衍、随意的人。

我相信，大多数女性一定都明白仪表对于你们的重要性。可是我敢说，并不是所有的女性都知道该如何打扮自己。

很多女性认为，花大价钱买那些既贵又时髦的衣服就是最好的选择，浪费一个月的薪水去买那些让人生畏的化妆品就是最棒的。其实，这种观念大错特错。

想必女性们都知道英国著名的花花公子伯·布鲁麦尔。这个有钱人居然每年会花费4000美金去做一件衣服。就连扎一个领结都要花上几个小时。这种过分注重仪表的做法其实比忽视它还糟糕。

这种人太讲究了，把所有心思都放在对仪表的研究上，从而忽略了内心的修养和自己的责任。从我个人的角度来看，如果你能够在穿衣打扮上量入为出，做到和自己的身份匹配的话，无疑就是一种最实际的、节俭的做法。

很多女性，尤其是一些年轻的女性，她们把"仪表得体"误认为是买名牌的衣服和化妆品。实际上，这种做法和那些忽视仪表的人犯的是同样的错误。

她们本该将自己的时间和心思放在陶冶情操、净化心灵以及学习知识上。然而，她们却把大量的时间、金钱和精力都浪费在梳妆、打扮上。这些女性每天都在心里盘算着，自己究竟如何计划才能用那微薄的收入来买昂贵的帽子、裙子，或者大衣。如果她们不论怎样也做不到这的话，她们就会把眼光放在那些粗糙、便宜的假货上。结果适得其反，自己反落得被人嘲笑。

卡拉曾讽刺这类人说："对于某些人来说，她们的工作和生活就是穿衣打扮。她们将自己的精神、灵魂和金钱都献给了这项事业。她们生命的目的就是穿衣打扮，所以，根本没有时间去学习，当然也没有精力去努力工作。"

其实，对于大多数的女性来说，我倒有一条不错的建议，那就是穿得体的衣服，化适宜自己的妆——这并不需要大量的金钱。实际上，朴素的衣装同样有着很大的魅力。在市面上，有很多物美价廉的衣服可供女士们选择，而且，我们也可以花较少的钱就买到不错的衣服。

实际上，简单、质朴的衣服不一定会让人反感，而邋遢的衣服才最让人生厌。只要女士们懂得如何恰当地穿衣和化妆，那么不论你有没有钱，都可以让自己魅力四射。只要女士们尽量让自己保持干净、整洁，那么，你就会赢得别人的尊重。

很多女性曾经问过我，我所说的恰当的衣着和化妆是什么？要怎样做才能算是达到要求？

其实，这是一门大有讲究的学问，并不是马上就可以学会的。不过，我倒是有些建议，虽然不一定能让女士们马上发生改变，但却可以给女士们提供改变的方向。

得体穿衣的7个原则：

1.不要盲目跟风，一定要选择适合自己的。

2.提高自己的文化素养，培养自己的内在气质。

3.训练自己的举手投足，让自己随处可现风雅。

4.学一些与色彩有关的知识，让自己懂得如何进行搭配。

5.款式不一定需要新潮，但一定要能突出你的优点。

6.可以适当地选择一些饰物进行搭配。

7.对衣服的材质要求高一点。

至于化妆，这就不是我的强项了。因为我毕竟不是女人。为了能够找到问题的答案，我专门去请教了我的一位朋友露茜，她可是一位美容专家。

她送给了我一些建议，现在，我再转达给各位女士。

恰当化妆的四个原则：

1. 买一瓶适合自己的香水，需要记住的是，不同年龄的需求也不同。

2. 保护好自己的皮肤，让它随时都得到你的呵护。

3. 浓妆并不一定就最好，要根据你的需要来选择口红和眉笔。

4. 不要忘了对手指甲和脚趾甲的护理。

我不知道上面给的建议会不会有立竿见影的效果。但我能肯定，只要你们用心留意自己的衣着打扮，就一定可以让自己光彩照人、魅力四射。

6. 如何与上司顺畅地交流

有一个听起来让人无比沮丧的事实是，在某种程度上，你在职场的前途是由你的领导决定的。因此，你必须让他满意，或许有些事情可能要询问同事的意见，但不论如何，你的升迁和加薪等，毕竟最终都是领导说了算的。

所以，放弃你那些幼稚的想法。请不要想当然地认为，仅凭勤奋苦干就能让你在职场一帆风顺。这种观点是错误的，绝对是错误的。

我并没有夸大其词，虽然勤奋苦干也确实让上司喜欢，但这却不是最重要的。

职场是一个十分复杂的地方，在这里，你的个人需求和公司的需求必须有一个恰当的结合点，因此，如果你身在职场，就要学会恰到好处地和领导交流。我这里有些建议可以供你参考：

主动与领导交流

人性都渴望交流和沟通，领导也是如此。你不一定非要等到领导召唤你时才走进他的办公室。如果你在工作上有一个建议或意见，可以去敲他的门。我没见过哪位领导的办公室不让下属进的，一般而言，他们是欢迎你的。

主动和领导交流，能够让你给领导一个很好的印象，因为，这代表了你在用心地工作——用心工作我一点都不反对，但关键是，要让领导知道你在用心工作。

另外，了解所有下属的情况，是领导需要掌握的一种基本信息。因此，即使你不找他，他也会主动找你谈的。

学会提建议

如果你的领导对你说："有自己的想法是好的。"在一般情况下，这不是客套话，一般领导都喜欢有自己想法的下属。千万不要忘记，正是这些东西可以给他们带来好处。

请记住：向领导提工作意见，是博取好感的一个非常有效的方法。当然，所提内容也应该不错。所以，提之前你需要做好一些事情。

首先，你应该对自己的意见或建议有非常成熟的思考，而不是仓促之间形成的一个灵感的闪现。如果是一个建议，你最好不仅告诉他你的建议是什么，还要告诉他你为什么要这样做和应该怎么做。

其次，摸清你的领导的工作习惯。把握好交流时机。当然，你不能在领导会见客人或通电话的时候去见他，尽量不要在他专心思考某个问题时去打扰他。

最后，你需要注意的就是，提建议的态度。千万不要表露"我比你聪明"之类的想法。这种想法本身就不是事实。对你也没好处。对你来说却是致命的错误。因为这说明，你向领导提建议的本意是为了表明自己更加优秀，而不是为了工作本身。

不卑不亢的态度

领导对身处职场中的人来说的确非常重要。我在前面已说过，他们对你的升迁和加薪等具有决定性的作用（即使不是你的直接领导，也或多或少有一定的影响力）。

另外，他们的确在某方面比你更出色。在工作和事务上，他们也扮演着更加重要的角色，在这个意义上来说，我们必须对他们保持相当的尊敬。

但这绝不意味着你非常卑微，因为在人格上，你们是平等的。传统的那种对领导一味奉承和附和，如今已经没有多大的意义，你并不会因此给领导留下深刻的印象。

现在的领导都相信，自己需要的是那种有见识，且诚实可靠的下属。随声附和除了能满足他们的虚荣之外，对他们也没有任何意义，因此，你需要的是勇敢地表达自己的观点。

要游走于尊敬和独立之间，做到这一点的确非常难。但如果你想要在职场中取胜，就需要做到这一点。另外，你可以把做到这一点当作是一次挑战。

正确对待批评和指正

所谓的"正确地对待批评和指正"是指，对领导所说的话，接受其中正确的部分，拒绝错误的部分。

领导有责任、有资格对我们进行必要的批评和指正，这样才能使我们不断进步。他们比我们拥有更多的学识和经验，看问题也更全面和深入，角度也更新。因此，我们不应该因为受到批评而羞愧，甚至心怀怨恨；我们应该高兴才对，因为我们又可以纠正自己的一个错误了。

当意识到领导的观点有错误时，一般的人都会对自己的观点产生怀疑——这种怀疑是十分必要的，关键是不能因为怀疑而轻易地否定自己的观点。还有一部分人经过怀疑后，确认自己的观点是正确的，但是却不作反应，就如同领导的话是金科玉律一样。

领导怎么可能没错误呢？当然，向领导提我们发现的问题也不是件十分简单的事，虽然我们一再强调领导应该宽容、大度和理性，甚至比我们还偏激。我们必须客观地认识到这一点，他们只是比我们少一些错误罢了。

还有一种观点是，我们好不容易发现了领导的错误，因此不应该错过表现自己的机会，但我更喜欢换一种方式理解，即认为这是对工作的一种认真态度。做任何事情都要把它尽自己的所能做到最好，而不是采取马虎应付的敷衍态度。

因此，我们应采用一种既符合我们身份，又可以被他接受的方式去提出我们发现的错误，并且说出自己不能接受的理由。

当然，在任何时候，我们都应该以理服人，千万不要当面顶撞领导，这会给领导和你自己都带来伤害。那些莽撞的，自认为有才识、有能力的下属，常常以顶撞上司为乐，因为这好像能说明他很有才能和与众不同。也许的确如此，但他们这样的表现并不高明。

正确的表达方式

注意你和领导说话的方式，你应该做到语气适当、措辞委婉。你应该继续保持那种尊敬和独立间的平衡。

另外，为了不浪费领导宝贵的时间和展示自己语言表达技巧，你应该言辞简短——当然要以把你的意思表达清楚为前提。

注意一些说话的禁忌。选用那些合适的词语，不要使用和你的地位不相符的词语。它们包括"您辛苦了""我很感动""随便都行"等。它们会让你看起来更像个领导。

把握提要求的度

为了谋求更高的职位和薪水，或者更好的工作环境，你可能需要向领导提一些要求。一般来说，领导对提要求的下属的态度是：理解但十分为难。

领导觉得很为难的原因很复杂，其中有一些原因与下属无关，其他的一些却与下属有关。为了使自己的要求更加容易被领导接受，你需要注意一些提要求的技巧。

不要提过高或不切实际的要求。领导不仅不能满足你的那些要求，而且还会因此对你产生反感，这样很容易使你和领导的关系变糟。

　　注意自己的言辞。不论你认为你的要求有多合理，都要尽量用商量的语气和领导说话。不要让领导觉得自己受到了威胁，或被命令满足你的要求。这样的话，他就会不自觉地拒绝你的要求，即使没太多的理由。

7. 与同事交流的技巧

虽然同事间难免有工作或生活上的事情需要互相帮忙，但有时你必须学会拒绝，这虽然让人很为难，但只要处理得当，也并不会成为一件让你烦心的事情。

也许你在职场中感到很累，因为这里充满了太多无奈——不喜欢的应酬，或不得不跟那些自己不喜欢的人在一起工作。是的，你可能没有选择。但是，职场也不一定就像你想的那样。只要你懂得了一些职场的相处技巧：

对同事多赞美，少指责

不论是同事穿了件漂亮的衬衣，还是工作做得非常出色，你都可以赞美他。不要吝于赞美你的同事，因为赞美是最直接、最有效的使他人对你产生好感的方法之一。

但需要注意的是，你不能毫无原则地赞美对方，否则会给人一种不真诚的印象。

调整心态，端正态度

我们生活中的很多时间都是工作，所以除了你的亲人外，你最常见的就是同事了。如果你愿意，你可以从同事那里学到很多有用的东西。

不论你对同事是喜欢或讨厌，在和他们交谈的时候，你都要尊重和体谅对方。每个人都有自己的优点和缺点，你可以从对方身上学到很多工作上的经验和知识，但是如果你们之间有了一道鸿沟，你就失去了很多提高自己的机会。

学会调节气氛，可以适当幽默

办公室里可能需要一些欢声笑语，这有助于活跃工作气氛。这样可以使你的人际关系更加紧密。幽默是人际关系的润滑剂，你的一两句幽默话可能就会起到这样的效果。另一方面，这也能展示你的才华和个性，但需要注意的是，你要掌握好开玩笑的分寸。

另外，你要注意开玩笑的场合，在专心工作时，最好不要突然来一句幽默，这样不但违反纪律，还会影响工作。

开玩笑要适度。不要把玩笑开得过火。否则势必会给你和同事带来不利的影响。

制造幽默也要分对象。对于不同的同事，要不同对待。也许有些同事天生就没幽默细胞，他可能会对你的幽默产生误解。

最后，要注意的是，不要开黄色的玩笑。我知道很多成年男人常常喜欢说一些荤段子，在同性中尚可理解，但如果异性在场，这种玩笑一般是不应该开的。

多听少说

不要在办公室叽叽喳喳说个不停，这儿不是你表现演讲才华的地方。许多人急着想让别人了解自己，所以话说得太多。你应该把自己的主要精力放在观察和学习，而不是表现自己上。否则，你将落后于他人。

仔细地倾听同事所说的话，不要因对方说的话不重要或没水准就心不在焉，尽量发现对方话语中的积极因素。要知道，任何人都有可能成为你以后的合作伙伴、好朋友，甚至是顶头上司。

学会说"不"

虽然同事间难免有工作或生活上的事情需要互相帮忙，但有时你必须学会拒绝，这虽然让人很为难，但只要处理得当，就不会是一件让你烦心的事情。

比如，当你的同事打算请你办一件事时，你自己的事情还有很多需要做，这个时候，你就需要拒绝。你可以告诉他你还有些事情需要做，等你把这些事情做完了，你才能帮他做这件事。

注意交谈中的忌讳

每个人都有自己的秘密。对于别人的这些隐私最好不要触碰。

还有就是，对于对方的弱点和不足，不要当成交谈的话题。这只会显得你人品和道德低下。有以下几点最好不要触碰：

1.不要在同事面前说上司的坏话。你的有些似乎是开玩笑说出来的话，被你的同事听到后，一部分人可能会把你当作他向上爬的垫脚石。虽然不一定，但你不得不提防。

2.不要刺探别人的隐私。每个人都以刺探别人的隐私为乐。因此，为了不至于引起别人的反感和警惕，千万不要打听别人的隐私。

3.不要过于张扬。不要在同事面前显得自己多与众不同。实际上，每个人都认为自己与众不同。因此，请保持低调、谦虚。这样更容易得到同事的认同。

　　4.不要命令别人。我在前面已说过，不论是在经验、学识，还是在地位方面，你都没有资格去命令你的同事。如果你想得到他们的帮助，只能使用其他方法。

8. 切勿谈论职场禁忌的话题

说话要注意场合，一定要牢记，办公室是工作的地方，在办公室最好不要谈论跟工作无关的事情。

如果你想要给自己树立良好的形象，就按照我说的去做。避免在办公室谈论以下几个话题：

家庭财产问题

不论是你的家庭财产还是他人的家庭财产，都不是你在办公室该谈论的话题。

我发现，有许多人喜欢拿自己家庭的财产和其他的同事比较，他们只是为了满足自己的好奇心和虚荣心。还有很多人喜欢在办公室和同事谈论自己最近去了一趟欧洲，或最近买了一套房子，并表现得很自豪的样子。

这个时候，他们的心情的确很好，但这样却在无意中伤害了其他的同事，因为实际上，他们就是在炫耀自己家里有钱。这样做有什么意义吗？除了满足他们脆弱的虚荣心外，他们将失去更多。

所以，不要在办公室谈论家里的财产问题。这种问题除了能满足自己虚荣心外，不会有更多的好处。

薪水问题

人们一般都会把薪水当作个人隐私，所以，千万不要问别人的薪水是多少，也不要讨论公司的薪酬水平如何，因为讨论这种问题对你没有任何的益处。

每个人都常常有这样的爱好，他们都喜欢知道别人的隐私，却不希望别人知道自己的隐私。因此，如果你不想自讨没趣，最好别问别人的薪水。

另一方面，很多公司都可能运用不平衡的工资制度，使员工有不同的薪水等级，这是公司采取的一种激励机制。

同工不同酬，对公司来说是件十分机密的事情。公司不希望引起员工和公司之间的矛盾，因此反对那些在公司讨论薪水问题的行为。老板和领导也非常讨厌那些在办公室谈论薪水的员工。所以，如果你不想被领导讨厌的话就避免谈论这些。

当然，也许别人不一定会这么做。但你只要知道就好。当别人问你的薪水时，你一定要拒绝他，千万不要因为不好意思而去答复。当他有这个想法时，提醒对方这并非一个很好的话题。如果他已经问了，告诉他自己不想回答这个问题——你当然有这个权力。

公司间的比较

每家公司都有自己的运营方式和特点，也都有自己的不足。所以，不要拿自己的公司和其他家公司作比较。

难道自己的公司一定就比其他家的公司差？如果你确实这么认为的话，就选择另谋高就吧。如果你不打算这样做，而只是抱怨的话，这正说明了一点：你现在在这家不好的公司里待着，那是因为你无能。

不要拿自己过去的公司说事儿。不要说"我过去的公司资金雄厚，工作环境一流……"如果真这样，你为什么不回原来的公司呢？老板不会喜欢你说这样的话，同事也不会喜欢，因为他们好像听你在说："你们都是一群废物。"

鉴于以上考虑，你现在能够知道这个话题的确没有意义，只会讨人厌。

口无遮拦的闲言碎语

你现在只是一个职员，并不是老板。所以，不要对你的同事大发演讲，说你以后打算怎么怎么样。同事也没有义务去听你那些无聊的话题。那些"我以后一定要自己当老板"之类的话，还是留着去和你的朋友、家人说吧。

不要对同事抱怨你现在的职位，倘若你认为自己的能力在现在这个职位上是一种浪费，那么，你尽可以选择离开。而且，你说这句无心的话，却会让你在无形中树立了很多敌人。因为据我所知，几乎所有的人都认为自己被低估了。你应该在工作上表现出你有多能干，而不是表现在说大话上面。

在办公室里，有一个常见的问题就是，在一个同事面前说另外一个同事或者是领导的坏话，甚至公司的坏话。

公司里人事关系的变动、职务的升迁都有一定的原委，并非你想象的那样。搬弄是非对你没有任何益处，只会让你多了危险，因为你无法保证同事不会说出去，即使他们看起来十分可信。

世上没有不透风的墙，即使你说的一些非常中肯，也没恶意的话，传来传去，也会使你说的话变了样。到时候，你就会发现自己已无能为力。那么，这个谣言的后果最终就会找到你头上。

个人隐私

不知你是否看到过，有人在办公室向其他同事哭诉自己失恋了，我曾经看到过。那位下属没有得到我的同情，而是受到了我的批评。

我给她的建议是，不管你失恋或热恋，都不要把自己的情绪带到办公室来，也不要再与办公室的同事分享自己的故事，这个地方不适合做这些。

这种做法其实是明智的。因为办公室只是你工作的地方，并不是你处理私人感情的地方。你不应该把自己的私人事情或私人情绪带到工作中来，这对他人是件不公平的事。如果每个人在工作时间里忙于自己的私人事情，那工作还有什么意义？

还有些人喜欢把自己生活中的事情在办公室和同事分享，如，自己的宠物多么可爱、招人喜欢。这的确是令说话者开心的事，但对同事来说却非常的无聊。这些无聊的话只会分散工作时的注意力，却不会有助于工作。对领导来说，他们可能因此觉得你是个对工作不负责的人，甚至会因此炒你的鱿鱼。

第四部分：社交篇

真心关注别人的需求，才能有所收获

1. 发自内心地关怀别人，最终成就的是自己

每个人都想拥有朋友和得到朋友的关爱，但这些都不是凭空而来的。假如你想得到别人的拥戴，一定要先让对方感受到你的真诚。

只有15岁时，我就梦想自己能写出一部美国最伟大的小说。我甚至还想象：《星期日周报》上有对我的专访，到处都是鲜花与掌声。

这样的想象力大大满足了我的虚荣心。但是我从未想过要靠付出血汗和泪水去实现梦想。这应该是我直到现在还没有写出美国最伟大的小说的原因。其实，对于任何意义上的小说，我也没做过任何努力，因此，成功也就无从谈起了。

年少时的幼稚尚情有可原，年长之后仍然如此思考问题和对待人生便是愚蠢。

好莱坞有一部无声电影，其中一条名叫"闯哈特"的狗因为这部电影而一举成名。它的主人 J. 艾伦·布尼通过观察狗写了一本书——《给闯哈特的信》，这本书十分畅销，引起了公众的瞩目。

在这本书中他着重强调了这样一个主题：狗为了爱，或是纯粹为了享受工作的乐趣，才很愿意听从主人的命令，愿意在主人的指令下表演，而且表现得十分出色。他在书中特别指出，动物们绝非是为了奖赏才做这些事情的。

布尼先生还写过这样一个故事：一个年轻的舞蹈演员有一次上台试跳的机会。如此难得的机会摆在眼前，她害怕自己不会成功而紧张得不得了。布尼先生耐心地劝慰她："想也没用，所以不如不想。你只是为了爱、为了上帝才从事跳舞，你并非为了跳舞而跳舞，姑娘去跳吧！"结果，她取得了最终的成功。

威廉·奥斯乐爵士说："对于未知的未来，我们大可不必投注过多的精力，我们最应该做的是把握现在，从此刻起做自己力所能及的事。"

作家荷马·克劳侬对人热情坦诚，我很幸运能和他成为朋友。遇到他的人只要和他共处15分钟，就会被他的真诚和坦率打动。

年轻英俊跟他毫无瓜葛，他更没有多少钱，但是，他能让所有认识他的人都明显地感受到：他喜欢他们。因此，他成为人们最受欢迎的客人。"荷马·克劳依会来"这句话，就像一大块诱人的奶油蛋糕——朋友们喜欢与他交往，他的太太、女儿和外孙更是爱他爱得不得了。

他生活得很幸福，其中的秘诀也很简单：发自内心地爱别人。

再简单的事情不去实践也变得十分复杂，关键是主动去做。身份、地位等都与他的人生哲学毫无干系。他基本上不谈自己的事情，总是发自内心地关心别人。比如，是从哪里来的？做什么工作？是否结婚？他并非无所事事，而是他想多了解一些别人，他想和陌生人成为朋友。

大使约瑟夫·格鲁说："外交的秘诀可以简单归纳为5个字——'我想喜欢你'。"荷马·克劳依做得比大使先生说得还要好。

通用机械公司董事会的主席布里斯先生说："我经常叮嘱我们负责销售的工作人员，如果我们每天早晨都这样想'今天我要尽我最大的努力帮助更多的人'，而不是'今天我要尽力多卖一点东西'，那么，你同客户打交道就是一件轻而易举的事情，打开局面也就水到渠成，你的工作业绩就会大大提升。所谓的出色的销售人员就是那种把客户看成是兄弟，真正帮客户生活得更幸福快乐的人。"

在不断学习的过程中，我才真正认识自己：我是胆小而怕事的人，甚至连许多平凡的人都怕，更不要说在公共场合演讲了。几年前在作一个演讲前，我一刻都不能安宁，一直提心吊胆地认为那些听众会很挑剔。

我有些神经质地问一个朋友："如果我的说法被他们否定了，我应该采取什么办法？或者他们讨厌我，又该如何应付？"

她说："你完全没有必要奢望他们会喜欢，你只要知道自己想为他们做什么，并且，你认为你要讲的东西是很重要的就行了。"

我自信地认为自己要讲的东西很重要。她对我说："有这一点作保证，其他的事情对于你的演讲来说都无足轻重。别人对你的看法不要放在心上，你所要做的，就是把自己的想法充分地表达出来。在你把想法说清楚的前提下，任何人不喜欢你都没关系，最重要的是，你已经顺利、成功地完成了你的工作。"

如今每次演讲前，我都要事先叮嘱自己，努力把讲话的观点准确无误地传达给听众，让他们愉快地接受。这样的叮嘱使我受益匪浅，所以我的演讲每次都可以很成功地完成。

我对友情的看法与上面的观点密切相关：同别的方面所取得的成功相似，只有给予才能有所收获。友情不能靠诱惑，只能努力去争取。赢得友情的决定因素是你是否愿意为他人付出，特别是为他人献出自己的关爱、兴趣和注意力的愿望达到何种程度。

在生活和社会实践中，我们不难发现：随着社会的现代化，特别是科学文明的发展，那些流传了几千年的基本准则，非但没有退出历史舞台，反而越来越为人们所重视。

A.E.豪斯曼，是英国最伟大的诗人、评论家、演讲家和教师。他曾经严肃地说过："我始终坚持这样的观点，从古至今，'拥有生命的，将要丧失生命；为我丧失生命的，必将拥有生命'才真正是人类精神的最至为深刻的真理。"

在人际交往中，我们要取得成功就必须秉持这样的态度：莫要索取，坚持付出。仅仅有一颗黄金一样的心是不够的，更要在必要的时候能够率先奉献出我们黄金般的心。

人际关系体现着我们人格的成熟程度。我们任何时候都不要只想到自己，尽力考虑到他人的感受，并保持彼此之间的密切联系。

2. 迎合对方的情感需求

有人说："生活中没有友谊，就像地球失去了太阳。因为太阳是宇宙赐予我们最好的礼物，而友谊则可以给我们带来最大的快乐。"

女人的一生离不开友谊，但要得到真正的友谊是很不容易的；友谊需要用忠诚去播种，用热情去灌溉，用原则去培养，用谅解去维护。

一到夏天，我最喜欢的休闲方式就是去缅因州钓鱼。草莓和奶油是我的最爱，可是鱼爱吃的却是小虫。所以，我要想满载而归，就不能考虑自己的需要，而要使劲地思考鱼儿最喜欢吃什么。我嘴里美美地享受着草莓或奶油，手却在鱼钩上挂一只蚯蚓或蚱蜢。

"想要让鱼咬钩，就得给它合适的饵。"在与他人交往的过程中，你只有关注别人的需求，才能吸引别人的注意力。

　　爱默生和他的儿子想把一头小牛牵入牛棚，他们采取了这样的方法：儿子在前面使劲拽，父亲在后面用力推。但这头小牛丝毫没给这对父子哪怕是一点面子，它倔犟地绷紧双腿，无论如何都不肯离开原地。最后，还是一个爱尔兰女佣解决了他们所遇到的难题。她抓一把青草放进小牛的嘴里，从而让小牛乖乖地进了牛棚。

　　爱默生父子只考虑到自己的想法，而根本没有顾虑牛的感受。而女佣虽然对写散文和书一窍不通，但是此时此刻，她比爱默生更懂得这头小牛的需求。

　　关于人际交往的艺术，亨利·福特曾有一个好的建议：如果成功有秘密的话，那就是具备一种能站在对方的立场、从对方的角度而不是你自己的角度去看事物的能力。"

　　此言精彩之至，所以我需要在此重申一下：任何人成功的秘密就在于一种站在对方的立场、从对方的角度而不是你自己的角度去看事物的能力。

　　这是一个浅显易见的道理。可是，世界上90%的人在90%的时候都会疏忽这件事。因为这个世界上的利己主义者多，从而使少数能无私地为他人服务的人拥有了强大优势。

美国知名律师和商业领袖欧文·杨曾说过："一个人若能站在别人的立场来了解别人的内心，他就无须担心自己的未来。"

有个年轻人劝说别人下课后跟他一起去打篮球："我想玩篮球，你们就跟我一起去吧。每次去体育馆的人数很少，不能分两队抗争。有一天晚上，由于人数少得可怜，我们两三个人只能做传球游戏……即使这样，我的眼睛还被不小心打紫了。不过我想打篮球，我希望你们明晚还来。"

这个年轻人的话语中只为自己考虑，只想到自己的需要。完全不懂得关心别人的需要。

有一位叫达奇曼的学员是一位电话工程师，他的烦恼是他3岁的女儿从来不愿吃早餐，他采用了很多办法都无济于事。所以，怎样才能使她自愿去吃早餐，成为一个让父母头疼的问题。

但是女儿总喜欢仿效母亲，以期获得自己已经长大成人的感觉。据此，一天早上，父母让她自己做早餐，以便来满足她的心理需要。她指着自己的劳动成果高兴地喊道："快看啊，爸爸正在品尝我做的早餐。"

就这样，这天早上，小女孩狼吞虎咽地吃了两大碗。因为她获得了父母的重视，又找到了一个证明自己的机会。

威廉姆·温德说过："人性最主要的需要是表现自我。"所以，女人们要时时刻刻记住：激发别人的渴望，就能左右逢源。

3. 倾听是对别人最好的赞美

那些只谈论自己而不愿意倾听的人永远是自私的，只为自己着想的人是无知而不可救药的。如果你想成为一个受人欢迎的人，就要先做一个认真的倾听者，要知道，对别人感兴趣，别人才会对你感兴趣。

在一次桥牌聚会上，我和其中一位女士都对打桥牌一窍不通。这位女士对我有所了解，知道我曾做过托马斯先生的私人经理，还知道托马斯先生曾在欧洲各地旅行，而我则是帮他记下沿途所见所闻的人。于是，她恳请我能给她讲讲自己所欣赏过的名胜古迹。

我没有拒绝的理由。当我们在沙发上坐下后，我思忖着该从何处讲起。没等我开口，她便接着说她最近跟她丈夫刚从非洲回来。

"非洲？"我惊异地说，"那可是一个充满神奇的大陆啊！我一直想去那里，可始终没能实现这个梦想。你真是个幸运儿！您能给我讲讲那个伟大的地方吗？"

在将近一个小时的交谈中，她不再问我有关欧洲的事情。我知道她并非不想听我谈论，但她更渴望做一个倾诉者，更需要我成为她的倾听者。

在纽约出版商举办的一次晚宴上，我曾遇到一位著名的植物学家。以前，我从未和植物学家有过任何交往，所以我着迷地坐在椅子上听他讲有关奇异的植物、培育新品种植物及布置室内花园等知识（他还告诉了我关于粗糙马铃薯的神奇故事），他滔滔不绝，口若悬河，而且很专业。对于我提出的小型室内花园的几个小问题，他都一一作了解答，并且非常热心。

午夜的钟声已经敲响，当大家相互说"晚安"并准备离开时，这位植物学家在主人面前极力夸奖我，给我冠以"最活跃的人"和"最风趣健谈的人"两个美丽的称号。

风趣健谈吗？我自己可不这么认为，因为我几乎没说什么话。关于植物学的知识，作为门外汉的我根本无从谈起。

但是，我做到了全心全意地倾听，这使他对我有很好的印象。一方面因为我对谈话内容真的很感兴趣，所以能专注地倾听；另一方面是出于对他的礼貌和尊重。由此而知，这种倾听是我们能给予别人的最高赞美。

《爱在异乡》是伍福德的作品，他在书中说过："很少人能抗拒全然的注视，这是一种含蓄的恭维。"

对于这一点，我自认为做得比他说的还要好，我给予他人的"发自内心的赞赏和慷慨的赞美"，远远超过这种全然的注视。

埃利奥特——哈佛大学前任校长，在谈到关于商业洽谈成功的秘诀时说过："一个成功的商业洽谈没有什么神秘的诀窍……专心倾听讲话人的谈话是非常重要的，这比任何恭维的语言都有效。"

多年以前，纽约电话公司碰上一个难缠的顾客。他诅咒公司的工作人员，威胁要所有的人难堪。他的无理取闹不仅仅停留在口头上，甚至还采取了行动：拒绝去付他认为有误的电话费，写信给报社，向公共服务委员会提出无数次的抱怨，起诉电话公司……

万般无奈之下，电话公司派出一位优秀的"纠纷调解员"，让他主动上门去拜访这位厉害的顾客。这位"纠纷调解员"一言不发地坐在沙发上，只是竖着耳朵在那儿静静地听着，并不失时机地回答："是！是！"对他的委屈表示深切的同情。

这位"纠纷调解员"后来在我的讲习班上讲述了他那天的经历："我耐心听了他近3个小时的抱怨，后来我又去他那里拜访过4次。

在第4次拜访即将结束时，他正式邀请我成为他创立的组织"电话用户保障会"的一名特级会员。至今，我仍是这个组织里的会员，而且据我所知，我是这个世界上除这位老先生外唯一的会员。

"连续的几次访问，我只是静静地倾听和表示同情。之前之所以没能解决问题，是因为电话公司的工作人员没有一个人这样跟他交流过。在前3次的会面中，我提过此行的目的，他没有表态。第4次的拜访让我彻底地解决了这场纠纷。他不仅付清了所有账款，还撤销了对电话公司的投诉。"

毫无疑问，这位厉害的老先生把自己看作是保障公众权益的神圣代表了，但他真正需要的是受人尊敬和重视。而这位精于此道的"纠纷调解员"很好地满足了他这种心理需求，所以他腹中的那些委屈也就烟消云散了。

美国新闻界历史上最成功的杂志编辑之一——爱德华·博克，多年以前，曾经是个家境贫穷的小男孩。他每天放学后会做一些简单的零工以贴补家用，他一生所受的学校教育总共不过短短的6年时间。

他在13岁时离开学校，在一个西联机构里充任信童，但他一刻也没有放弃过学习。他想方设法地进行自我教育。他用积攒起来的钱买了一部美国名人传记，并对这本书做了深刻细致的研读，之后他写信给传记上的每位名人，希望自己能够多了解一些关于他们童年的事情。

他给当时正竞选总统的吉姆士将军写信询问：你真的做过运河上拉船的童工吗？吉姆士即在百忙之中给他写了回信。他写信向格雷将军征询有关一次战役的情形，这位将军在回信中认真细致地为他画了一张详细的地图，并且与这个14岁的小男孩共进晚餐，之后他们又畅谈了一夜。

除了这两个名人外，这个原来在西联机构送信的信童还与爱默生、布罗斯、朗菲洛、林肯夫人、路易斯、休曼将军、杰弗森·戴维斯等著名的人物通信。

在通信联系的基础上，他还利用假期去拜访其中的数位，并成为那些名人家里颇受欢迎的客人。他的自信心就是在这种经历中磨炼形成的，这改变了他以后的人生轨迹。

采访过上百位名人的记者艾萨克·F.马可逊曾经谈道："很多人之所以无法给别人留下良好的印象，是因为他们没有认真地倾听。他们总是极为关注自己接下来要说的，以至于没有注意倾听别人说的话……许多著名人士曾对我说，他们更喜欢善于倾听的人而非健谈的人，但与其他美德相比，拥有这种倾听能力的人似乎少之又少。"

在南北战争战事严峻时，林肯专门请伊利诺伊州春田镇的一位老朋友来华盛顿，还特意强调说是想与老朋友讨论一些问题。在他的办公室里，林肯向这位昔日的老邻居说了关于发布《解放黑奴宣言》的必要性。

在林肯自己滔滔不绝地说了几个小时后，他主动与老邻居握手告别，客客气气地送他回家。在老朋友的倾听和见证下，林肯通过自己跟自己讨论的模式，彻底理顺了思路。此时此刻的林肯已经不需要任何建议，实际上，他需要的只是一个不会打断他发表见解的倾听者。

相反，如果你想使某个或者某些人离你远远的，甚至在背后辱骂你，那下面这个办法绝对屡试不爽：永远不要仔细听人家讲话，不断地谈论你自己；当别人正在讲话时，你不要等对方把话说完，就上前马上打断他。

你也许会怀疑，世界上有这样的人吗？我可以很肯定地告诉你，绝对有（我遇到过），更为可悲的是，有些还是社交界的名人。

自私心、自重感完全卡住了他们心灵的通道，所以他们渐渐失去了人心。

所以，女人们，如果你想成为一个受欢迎的人，就要先做一个认真的倾听者。

4. 真诚地关心别人

与人交往的过程中，假如你想让别人喜欢你，假如你想对自己和他人都有所帮助，那就请记住：真诚地去关心别人，关注别人的需求。

母鸡要下蛋，母牛要产奶，金丝雀要唱歌，这些动物只有付出才能够生存。

小时候，父亲花了50美分买了一只黄毛小狗送给我，我给它取名叫"蒂比"。它让我的童年充满了欢乐。每天下午一到我放学的时间，它便一动不动地坐在家门口，直勾勾地望着我每日必走的那条小路。

它的耳朵极为敏锐，听到我的声音后，它就会像箭一般快速地窜到我的身边，又是跳，又是叫……

5年时间，我和蒂比成了最亲密的朋友。在它不幸被雷电击死后，我经常想起它对我的好。它是我最忠实的朋友，因为它眼里装着我的喜怒哀乐。

但要一个人对另一个人做到这一点却十分困难，因为人们只关心自己，只想着要求别人对自己如何，他们绝不会认真思考应该对别人怎样，所以很少去关心别人和关注别人感兴趣的事情。

纽约电话公司曾经做过一项详细的调查：在电话交谈中，使用最频繁的字是什么？也许你很容易就猜出了答案：那就是"我"字。

据统计，500次电话谈话中就用了3990个"我"字。当你欣赏一张包括你在内的集体照片时，你最先看到的一定是你自己——这说明我们最在乎的人是自己，

我们只是希望引起他人的关注。眼中只有自己的人最后的结局是：永远也不会有很多推心置腹的朋友。

维也纳著名的心理学家阿德勒在一本叫《生活对你意味着什么》的书中写道："一个对别人漠不关心的人，他的生活一定会遇到很大的困难，同时也会给别人带来极大的伤害。所有人类的失败都是因为这些人才发生的。"

我曾在纽约大学选修过短篇小说的写作课程，有一位给我们讲课的著名杂志的编辑说："数十篇小说摆在我面前的桌子上，我只要从中任意捡起一篇随意看上几段，就可以判断出作者是否关心他人。"

他又接着总结说道："如果那作者不关心别人，那么，人们也不会喜欢他的作品。"

这位见多识广的编辑曾经坦诚地向我们道歉，并且在讲课的过程中两次停下来，只是因为他的演讲内容跑题。他说："永远不要忘记：先对别人产生兴趣，是你做一个成功的小说家的前提。"

写小说的秘诀尚且如此，那么在社会交往中就更应该这样去做了。

塞斯顿是位家喻户晓的魔术大师，我趁他在百老汇演出时去拜访他。他游历世界40多年，为观众表演了一个又一个的奇迹。全世界有6000多万人看过他的表演，给他创造了200多万美元的财富。

每次上台表演前，他总是这样叮嘱自己："我要怀着感恩的心情进行我的表演，我那舒心的生活完全得益于这些热情的观众，所以，我一定要尽自己最大的努力。"

西奥多·罗斯福总统威名远扬的秘诀与这位魔术师不谋而合。

他的侍从——詹姆士·E.爱默斯写的《西奥多·罗斯福——侍从心目中的英雄》一书中，讲述了这样一个故事：

"有一次，我妻子向总统请教美洲鹑鸟的问题。鹑鸟对她来说是个陌生的物种，她急于想知道它的样子。日理万机的罗斯福总统没有不屑一顾，而是不厌其烦地向她一遍又一遍解释。没过几天，罗斯福总统直接把电话打到了我的家里，我妻子接的电话。总统告诉她，现在赶紧看看窗户外面，树上正有一只鹑鸟在唱歌呢。

"正是这些微不足道的小事，才处处显示出总统的优秀品质。每当总统经过我家时，即使没有看到我们，他仍然会大声叫着：'嗨……爱默斯！''嗨……安妮！'他认为这是他向我们表达问候的最好的方式。"

有一次，罗斯福拜访白宫时，塔夫脱总统和夫人已经外出，他向白宫里所有的佣人打招呼问好，甚至连洗碗女工也没落下。

对于这件事，阿基切·巴特是这样描述的："当他看到女佣人爱丽丝在厨房时，他问她是不是还在做玉米面包。爱丽丝告诉他，有时候做那种面包，但楼上的人都不吃了。罗斯福听了大声说：'那是他们没有口福。'"

结合总统先生威名远扬的秘诀和我自己多年的个人经验，我总结出：只要真诚地关心别人，任何人都会关注你并且愿意与你合作。

世界上所有的人都认为，德国皇帝威廉二世是第一次世界大战的罪魁祸首，成千上万的人憎恨他，恨不得把他碎尸万段，连德国人都对他置之不理。所以战争一结束，他就逃到荷兰避难。

愤怒的人群之中有一个小男孩，他给德皇写了一封信，简短的信中提到：别人的想法他管不着，但他真心诚意地认为，威廉二世永远都是国王。被这封信深深打动的德皇邀请小男孩前来相见。在母亲的陪同下小男孩兴致勃勃地来了。后来，孩子的母亲嫁给了德皇——这就是关心别人所结的善果。

许多年以来，我一直想方设法记住所有朋友的生日。如果朋友告诉我11月24日，我就会反复地提醒自己"11月24日、11月24日，永远记住，不要忘记"。紧接着我就把姓名、生日记在随身携带的日记本上，回家后再马上记到一本生日录上。

到了某人的生日时，我就会用自己的方式向他表达诚挚的祝贺。过生日的人肯定非常高兴，因为这个世界上只有我能记住他的生日，我也便成了他的好朋友。

用最真诚的心去面对他人，你的朋友便会越来越多。即使接到陌生人的电话，你也应该热情礼貌地说"你好"。

在纽约市一家极具声誉的银行里,查尔斯·华特被银行派去调查一家公司,并且要写出该公司业务情况的秘密报告。要完成这项工作任务,需要这家公司的一个经理的帮助,因为这个人的手中有他急用的资料。

在华特去拜访那位经理的过程中,他的女秘书无意间透露出他的儿子喜欢邮票。第一次去拜访那位经理时,对于华特的来意和他提出的问题,那位经理都巧妙地避开了。不言而喻,这个经理不想帮助他。

华特后来给我们讲这个故事时说:

"说句心里话,我当时已经束手无策了,可是猛然间,我想起他的秘书跟我说,他的儿子喜欢收集邮票。而且我还知道,我们银行的国际部收集了大量的、来自各个国家寄来的信件上的邮票。

"在第二次去拜访那位经理时,我特地给他的儿子带去了很多外国邮票。他的笑容彻底打消了我的忐忑不安。'乔治一定会喜欢这一张,'他看见邮票后不停地说,'看这张,这张。'

"在之后半个小时的时间里,我们谈论的话题只有两个:邮票和他儿子的相片。后来他自然而然地告诉我他所知道的一切,而且还找来下属员工,向他们询问相关问题,还给他的几个合作伙伴打了电话。我得到了我所需要的一切，不过是用了一些邮票。因为我满足了他关爱儿子的情感需求。"

古罗马一位著名的诗人帕利里尤斯·塞洛斯就曾说过："我们先要关心别人，别人才会关心我们。"

女士们，如果你想得到别人的喜欢，交到真正知心的朋友，如果你想在帮助别人的同时也使自己得到帮助，那就去真诚地关心别人吧!

5. 微笑的强大力量

快乐不依靠外部条件，而在于人的内心。每个人的喜怒哀乐都源于其内心的想法。如果你希望别人以热情愉快的态度来接待自己，那么，首先你自己要用这样的态度去面对他人。

在纽约的一个晚宴上，众多宾客中有一位刚继承了一大笔遗产的妇人。她似乎急于给人们留下一个深刻的印象，因此，她花了很多钱买貂皮大衣、钻石和珍珠。可是，百密总有一疏，而且这个疏忽还是致命的——她忽略了自己脸上的表情。华丽的服饰丝毫没有掩盖住她脸上流露出的乖僻和自私，她根本就没有注意到：一个人的表情远比一个人的外表更加重要。

查尔斯·施瓦布曾说过，他的微笑值100万美元。这绝非夸张，只能说明他已经悟透了上面这个真理。他所取得的成就，与他的人格魅力和他那种讨人喜欢的能力息息相关，特别是他那令人倾心的微笑。

什么是真正的笑容？真正的笑容是一种发自内心的、像阳光一样给人以温暖的笑容，这种笑容在市场上一定是无价之宝。

一位人事经理说过，他选用人才的标准与众不同，如果一个学历不高但是一脸笑容的女孩子和一个冷若冰霜的哲学博士同时来面试，他宁可选择前者而将后者拒之门外。

如果你希望得到别人的尊重，那么你就要先尊重别人；如果你希望别人以热情愉快的态度来接待自己，那么首先你自己要用这样的态度去面对他人。

我曾经向成千上万的人提出自己的建议，希望他们每时每刻都向他人展示绽满笑容的面庞。在培训班中，我也向学员提出同样的要求，并且一再强调他们一星期后要回班上汇报这样做的效果。

一位纽约证券交易所的斯坦因·哈特先生，在来信中所说的情况是上百个案例中最典型的一个。

他的来信内容如下：

"在与妻子共同生活的18年间，我极为吝惜自己的微笑，所以很少向太太展示。我自己经常徘徊在百老汇的街头不愿意回家，在茫茫人海中我觉得自己是最不快乐的人。

"听了您的建议后，我下决心尝试一星期。我对着镜子里自己那张严肃得快要结冰的脸孔说：'比尔，你今天要一扫脸上的阴霾。你必须要展示出一副笑脸来，就从现在开始。'结果是我真的做到了。当我坐在早餐桌旁时，带着满脸的笑意向太太问候'早上好，亲爱的'时，她的反应不只是惊奇，还很惊恐。她以为我得了什么绝症。我向她承诺：以后她每天都可以得到类似这样的问候。

"接下来的一段时间，我的此种做法给我的家庭带来了非常多的欢乐，这是我在过去的一年中不曾体会到的。我的微笑并不仅仅只给予妻子。在上班时，我用微笑跟电梯员和守卫打招呼；在地铁站的小店里换零钱时，我对收银员也示以微笑。总之，我做到了对所有的人示以微笑。没用多长时间，我就发现，映入我眼帘的是越来越多的笑脸，每一个见到我的人都向我报以微笑。我还发现，微笑源源不断地给我带来了财富。

"有一次，我在办公室里和一个年轻人探讨人际关系学。那个年轻人坦诚地告诉我，说他刚开始对我的印象不是很好（当然，这是委婉含蓄的说辞），但是现在他改变了对我的看法，他说我很有人情味。

"我不再批评任何人；说话交流的时候，我不再以自己为中心，而是开始更多地关注别人的想法。如此一来，我的生活发生了翻天覆地的变化，我现在可以自信地说自己是一个快乐而富有的人。我现在才清醒地意识到，友谊和快乐是我生命中最宝贵的财富。"

心理学家威廉·詹姆斯说："行动似乎总是追随着一个人的感

受。可是，真正的行动是和感觉共存的，和人的感觉比起来，人类的行为更直接地受控于意志。人们可以通过对行为的直接调整而间接地调整自己的感觉。"

莎士比亚曾说："好与坏无从区别，那是每个人的想法使然。"这是经过实践检验过的真理。我最近经历的一件事就是一个极为有力的明证：

有一次，我在纽约长岛车站的石阶上，看到几十个行动不便的残疾孩子，他们拄着拐杖，每走一级石阶都要付出极大的努力，有个失去行动能力的男孩甚至必须由别人抱着才能上去，但他们灿烂的笑容使我的内心受到了极大的震撼。

这些孩子们的老师说："当一个孩子意识到他将终生残疾时，起初，他会非常震惊，可当他在困难中学会了坚强后，便会服从于命运的安排，面对现实，开始像正常的孩子一样快乐生活。"

哈伯德的至理名言——千万要铭刻在心，你必须真正努力地去实行，否则，他的话根本无法使你受益匪浅。

他是这样说的："不管何时，当你外出时，请微收下颌，抬头挺胸；呼吸着阳光，向朋友们微笑致意，真诚地握手。别怕误会，别浪费时间去想你的仇敌。试着在你的心目中确定你喜欢做的是什么，然后没有任何顾虑地向目标前进，把自己的精力集中在那些伟大而美好的事情上。"

随着时光的流逝，你会发现，自己已经不知不觉地抓住了所渴望的机会。坚定的信念会把你塑造成一个有能力、有热情的特殊人才。保持一种正确的心态——勇敢、诚实、乐观。正确的思想能启发创造力。我们将成为忠于自己心灵的人——下颌微收，抬头挺胸，我们就是明天的主宰者。

数年之前，纽约市的一家百货商店在面向大众的广告中，写下了下面这段朴实而有哲理的话：

圣诞节的一笑本无价：它无须破费，却能创造多多。它使获者得益多多，施者毫发无损。它发于一瞬之间，存于海枯石烂。富人不再贪得无厌，穷人从此知足常乐。家庭的快乐使者，生意场上的友好伙伴，朋友间的善意天使。疲惫者不再疲惫，失望者不再失望。

阳光给悲哀者永生的力量，自然从此不再凄凉。它，买无处买，求无处求，借无法借，偷不能偷。就是这样一种感觉，莫要等到失去了才觉得珍贵。圣诞节的忙碌，绝对不会降低我们微笑的质量。我们的店员因太疲倦而亏欠你的微笑，希望您能用您的微笑补上。

女人们，微笑是取之不尽的财富，让我们做一个慷慨的微笑者吧！

6. 女人也需要讲究说话、办事的技巧

我心里一直都认为，不管出于什么原因，解雇一个人始终都不是一件令人愉快的事情。因此，我很少会主动地解雇帮我做事的职员，除非他们已经找到了更好的出路。然而，三年前，我却亲自解雇了一个为我工作了三个月的秘书。当然，我也是很不情愿才这样做的。

在这里，我不想提起这位小姐的名字，因为这可能会伤害到她，所以我们就称她为H小姐。坦白说，这位H小姐很有能力，会英语、法语、西班牙语和德语四门语言，而且还写得一手漂亮的好字。

不光这样，H小姐还有着迷人的外表、高贵的气质。单从这些条件来说，H小姐应该算得上是最棒的秘书了。的确，我必须承认，H小姐把自己手头的工作都处理得井井有条，从没出现过差错。然

而，H小姐却有一个致命的缺点，这也是导致我解雇她的原因。

有一次，我因为有事外出不在公司，恰巧这时我的老朋友约翰·查尔顿来公司找我。约翰并不知道我已经雇用了秘书，所以他像往常一样直接走进我的办公室。

这时，H小姐从后面赶上来，很气愤地说："嗨，你这个人怎么如此无礼？难道你不知道到公司找人是有规矩的吗？你首先应该和我这个秘书打一下招呼。"

约翰是个很有修养的人，赶忙说："对不起，是我疏忽了。是这样的，我并不知道我的老朋友卡耐基雇用了秘书，所以就很贸然地闯了进来，希望你能够原谅。"

H小姐看了看约翰，很傲慢地说："不要以为是老朋友就可以不讲礼貌，这里是公司，每个人都必须遵守规矩，你也不例外。既然你看到卡耐基先生不在，那么就请你回去吧！"

约翰当时有些生气，但是他并没有发作，而是说："哦，真抱歉，我有点急事找他，你能帮我联系一下吗？"

H小姐很不耐烦地说："难道你不知道做秘书的是不能随便透露自己老板的行踪的吗？真搞不懂，我的老板怎么会有你这样的朋友！"

约翰再也忍不住了，大声喊道："是吗？小姐，难道你就不能说话客气一点吗？我真搞不明白，卡耐基怎么会雇用你这样的秘书。"

说完之后，约翰气愤地走了。

后来，约翰把这件事告诉了我。于是，我找H小姐谈了一次话。当我说起这件事的时候，H小姐显得很生气，说："什么？那个无礼的家伙居然还到你这里来告状？真是太可恶了。"

我心平气和地对她说："H小姐，难道你不应该对这件事反思吗？事实上，你在处理这件事的时候有很多地方做得并不妥当。"

我的话显然激怒了H小姐，她大声说："难道您也认为我的做法是错误的？难道那不是一个秘书应该做的事情？天啊！我做了自己的本职工作，居然还要受到责备。"

我知道H小姐根本没有认识到自己的错误，于是对她说："事实上，这已经不是第一次了。很多人跟我反映，他们无法与你沟通，因为你说起话来总是不给别人留余地，还经常伤害到别人的自尊。其实，有很多事情你完全可以换一种说法，那样的话事情就变得容易得多。我希望你能够改正自己的缺点。"

很遗憾，直到最后我也没能说服H小姐。没办法，我只好选择将她辞退，因为我不能为了她一个人而使很多人不开心。

很多女士为了让自己魅力十足，把大量的时间、精力和金钱都花费在了打扮自己这方面。其中，更高明一点的女士还会注意训练自己的举手投足，培养自己的格调，让自己更有内涵和气质。的确，女士们的这些做法都是正确的，也是应该的。然而，如果女士们忽略了说话、办事这一点，那么当你与人交往的时候，也会给人一种很不愉快的感觉。

其实，对于女士来说，不管你是职业女性还是家庭主妇，会说话、会办事都是非常重要的。你在这方面是否有魅力会直接影响到你是否能够对对方产生很强的吸引力，也关系到你是否可以获得别人的喜欢。同时，如果女士们能够掌握住说话、办事的技巧，那么无疑你们就能够在与人相处的时候表现出自信，让别人被你们的魅力所折服。

人际关系学家查理·休伯特在他的著作《论女人的魅力》中曾经说："对于一个女人来说，漂亮的脸蛋、姣好的身材、脱俗的气质等是让她们魅力十足的先决条件。可是，如果一个女人满口脏话、出言不逊的话，那么恐怕也不会得到别人的喜欢。语言是上帝赐给人类的礼物，一个风采迷人、魅力四射的女人必须懂得如何说话、如何办事。事实上，如果一个女人能够掌握说话、办事的技巧，那么她就可以很容易地弥补一些自己先天性的缺陷。"

然而，有些女士似乎并不认为会说话、会办事是非常重要的。在她们看来，只要自己够漂亮、有品位，那就一定会征服所有的人。至于怎么说话，那不需要学，也不需要关注，因为说话和办事只要是达到目的就可以了，根本不需要学习什么技巧。

唐·邦德是美国著名的影视演员经纪人，我们曾经在一起吃过晚餐。席间，唐问我："卡耐基先生，你觉得挑选演员的标准应该是什么？"我想了想回答说："迷人的外表、优雅的气质、高超的演技，这些东西应该是最重要的吧？"

唐笑了笑，说："不，你错了！事实上，我在挑选演员的时候很看重他的谈吐，特别是女演员。有些女孩子很漂亮，也很有气质，可惜她们不知道该如何说话、办事。可能你认为对于一个演员来说，演好戏才是最重要的，至于说话、办事，那只是一种日常人际交往的技巧罢了。"

我点了点头说："是的，唐，我一直都这么认为。"

唐接着说："你知道吗？要想做一个好演员，必须要有征服观众的魅力。即使你的外表再漂亮、演技再高超，如果你不懂得如何说话、办事的话，也是一件非常麻烦的事。举个例子来说，演员总是要和观众沟通的，不懂得与观众交流、相处的演员永远不会成功。试想，如果一个演员老是用言语伤害观众，使观众对她产生一种厌恶感，那么她怎么可能会出名，怎么可能会成功？一个不会说话办事的演员没有魅力，没有魅力的演员不会成功。"

的确，唐·邦德给我们揭示了一个容易被忽视的道理。其实，早在以前我也没有把魅力和会说话、会办事联系起来，直到我认识了卡拉女士。

卡拉女士在一家汽车轮胎公司任经理，我对她的了解是通过别人的描述得来的。华盛顿轮胎销售商卡尔对我说："和卡拉女士谈判简直是一种享受，虽然我们都在为各自的利益着想，但是从未发生过争吵。卡拉女士的每一句话都让人觉得非常舒服，总让我有一种非与她合作不可的感觉。"

一家生产橡胶的公司的销售经理也说："卡拉有一种让人无法抗拒的魅力，每次和她谈判的时候都有一种愉快的感觉。按理说，作为公司的经理，我应该完全替本公司着想。可是，卡拉总是有办法让我知道他们的难处，理解他们的困难。虽然我知道有些时候她是在玩弄一些小把戏，但我却情不自禁地钻进她所设下的圈套。"

我对卡拉女士产生了强烈的好奇心，于是亲自去拜访了她一次。当见到卡拉女士的时候，我大吃了一惊，因为她与我想象中的形象完全不一样。卡拉女士个子不高，身材也有些发胖，长相也非常普通。说实话，我当时很难把她与"魅力四射"这个词联系起来。

然而，我和卡拉女士交谈以后却发现，自己已经完全被她征服了，因为卡拉女士深知与人交谈的技巧。她说什么话都会给自己留下一点余地，而且也不在我面前摆什么经理的架子。我能感觉到，面对我的提问，卡拉有所保留，因为她不想那么快亮出底牌。

此外，卡拉女士很礼貌，也很有耐心，似乎一直在等待你一点点地跟着她走。当然，必要的时候她也会大兵压境，甚至让你有喘不过气的感觉。不过，每当这个时候她又会适时地停止进攻。

当我们的谈话结束时，我对卡拉女士说："真不可思议，您大概是我见过的最有魅力的女士了。"

卡拉有些不好意思地笑了，说："您过奖了，卡耐基先生，我不过是懂得一点说话办事的技巧罢了，没什么魅力可言。"

我知道这是卡拉女士自谦的说法，因为在她嘴里轻松说出的所谓技巧的确能够让很多人折服。回去之后，我对卡拉女士所说的话进行了分析，终于总结出了几点经验：

1. 掌握时机，恰当地运用感谢的词语。

2. 与别人交谈的时候一定要多说愉快的事情。

3. 多赞美别人的优点。

4. 表达不同意见的时候要给对方留足面子。

5. 学会听别人讲话。

6. 合理利用身体语言。

7. 尽量用高雅简洁的词。

8. 千万不可自大、自夸。

9. 玩笑要开得适可而止。

10. 平时注意充实自己。

其实，要想学会说话、办事，并不是一朝一夕就可以成功的。不过女士们要有足够的信心和决心，然后再看一些有关这方面的书籍。

不管你们是不是都渴望自己成功，是不是都希望自己成为"万人迷"，学会说话、办事无疑都是一件好事情。

7. 放弃无谓的争论

我是一个喜欢用自己的亲身经历来说明道理的人，因为我对自己经历的事情理解更加深刻。实际上，人都会犯错，我也不例外。以前，虽然那时我已是一个成年人了，但我仍然犯下过很愚蠢的错误。

那是第二次世界大战后不久的一天晚上，就是那个晚上，我得到了一个让我终生难忘的教训。直到现在我还会时时想起它。

当时，我是大名鼎鼎的史密斯爵士的助理。是的，就是那位在战后不久用了三十天的时间环游全球而轰动世界的史密斯爵士。

那天晚上，我参加了一个专门为他准备的宴会。宴会开始后，一位坐在我旁边的人给我讲了一个有趣的故事。他在讲的过程中，提到这样一句话："人类可以变得无比粗俗，但那位神始终都是我们的目的。"

他也许是为了卖弄自己，也许是为了增强说服力，总之，他很自信地对我们说："这句话出自《圣经》。"

老天啊，怎么会有人犯这样愚蠢的错误？谁都知道，那句话和《圣经》没有半点关系。他错了，的的确确错了。这一点我是可以肯定的。为了使我显得比他聪明，为了使我看起来知识比他要渊博，我指出了他的错误。

是的，我告诉他，这句话是出自威廉·莎士比亚的著作，而并非他所说的《圣经》。但那个人很固执，他坚持认为自己的观点是对的。甚至还愤怒地说："你说什么？这句话出自莎士比亚的著作？简直太可笑了。这句话绝对出自《圣经》。"

为此，我们两个争论得不可开交。

这个故事到这里已经讲了一半。不过我决定先把它放在一边。因为我要告诉女性们一些事情。相信你们对我刚说的事情并不会感到陌生，因为你们也曾经遇到过这样的情景，然后和我一样做出了愚蠢的举动。

其实，争强好胜并不是男人的专利，女人同样也有这样的心理。而且，女人可能比男人还要多一点。

从心理学角度来说，女人的虚荣心理往往比男性更强，而她们的自尊也往往要强于男性。在这种心理的驱使下，很多女人都希望在特定的场合，尤其是在众目睽睽之下，证明别人是错的，自己是对的。

不过，不论是男人还是女人，都不希望自己的权威和尊严受到挑战。当你试图改变别人的想法时，他们会严守阵地，坚决不退让。这时，那些好胜的人们就会不甘落后，选择与别人争论，并且还一定要争论出个结果来。

现在，我们再回到刚才的那个故事。

当时，我们两个争论了很久，谁也说服不了谁。很幸运的是，我的一个老朋友加蒙当时就坐在那个人的右边。他可是位专门研究莎士比亚的专家。所以，我们决定找他作为裁判，证明一下到底谁是正确的。

令我感到意想不到的是，加蒙偷偷用脚踢了我一下，然后说："很遗憾，戴尔，你错了，这位先生是对的，这句话确实出自《圣经》。"

可能你们无法想象我当时的感受，但那确实是种让人难受的感觉。在回家的路上，我忍不住问加蒙："加蒙，你是知道的，这句话是出自莎士比亚的著作。"

加蒙点了点头，说："的确，你是对的。但我们只是客人，为什么要证明他是错的？为什么不去保住他的面子？你为什么要与人争论？这难道能使他喜欢你？记住，一定要避免正面冲突。"

故事讲完了。加蒙那句"一定要避免正面冲突"永远记在了我心里，尽管今天他已经离我而去。

我不知道当各位女士和别人争论不休时，会不会有一个人在旁边对你说出这样的话。我希望你也有。但我知道，你的自尊心、虚荣心和优越感，使你根本听不进去这句话，因为你想通过争论证明自己。

我不知道各位女性是如何看待争论不休的，但我认为争论的后果只有三个：

1.不会有任何结果。

2.只会使对方更加坚定自己的看法。

3.你永远是失败者，因为你什么也得不到。

我这样说并不是没有根据的，因为我一直以来就是一个执拗的辩论者。年少时，我非常热衷于参加各种辩论活动。长大后，我也非常热衷于研究辩论，甚至还曾计划写一本关于辩论的书。不过，在我进行了数千次的辩论之后，我得到了一个结论：避免辩论是获得辩论最大利益的唯一方法。

多年前，我的训练班上来了一位叫苏菲的爱尔兰人。她是一名载重汽车推销员。可是，她却从未有一次将一辆产品推销出去过。

我试着和她谈过，发现她受过的教育很少，但却很喜欢争执。

不论在何种情况下，只要她的买主说出一点贬损她的产品的话，她都会非常愤怒地与对方进行一场争辩。她还告诉我说，她认为自己教会了那些人一些东西，只不过她的产品没卖出去而已。

面对她的这种情况，我并没有直接训练她如何说话，而是让她保持沉默，不再与人发生口角。事实证明：这种方法是有效的，因为苏菲现在已经是纽约汽车公司的推销明星了。

其实，每一位女性都是一名推销员。不同的是，苏菲推销的是汽车，而女性们推销的是自己。我相信，如果女性们想要把自己推销出去，成为一位受欢迎的人，那么，她们必须要做的就是不要与人争论。

然而，很多的女性都不能自觉地做到这样。她们更加热衷于陶醉在那种与人争论的美妙感觉中，因为在争论中，她们永远都不会失败，不管对方如何的"苦口婆心"，她们始终都会坚持自己的观点。

我也曾努力过，努力地去寻找争论不休能给人带来的好处。很遗憾，尽管我已尽力，却始终未发现它的一点正确性。

老富兰克林曾说过："如果你辩论、争强、反对，你或许有时会获得胜利。但是，这种胜利是很空洞的，因为你永远都得不到对方的好感。"

我非常赞同富兰克林的话，因为他的话也代表了我的观点。

我可以明确地告诉各位女性，争论不休对于你来说真的没有一点的好处。

我不知道我这样说是否能让各位明白，你在与人交往的过程中，你在为人处世的过程中，试图通过争论来改变对方的想法，是非常愚蠢的。虽然，也许你是对的，或你本来就是对的，但你在改变对方的思想这方面，可以说毫无建树，这一点和你本身就是错的没什么两样。

我不知道女性们为什么还是要去争论，你能从中得到什么？有两个结果摆在你的面前，一个是暂时的、口头的胜利，另一个是别人对你永远的好感。不知道女士们会选哪个？反正换作是我，我绝对会选后者，因为这两者你很少能兼得。

事实上，那些真正成功的人是从来都不喜欢争论的。我喜欢举林肯的例子。因为他在为人处世方面非常成功，而且他的这套技巧完全没有性别限制，对女性同样适用。

林肯曾重重地教训了一位军官一顿，其中的一句话颇具深意："与其为了争夺路权被一只狗咬，还不如事前给狗让路。不然的话，即使你把狗杀死，也不可能治好伤口。"

我很赞同这句话，并不是因为它是林肯说的，而是因为有人确实运用这句话解决了很大的问题。

巴森士是一位所得税顾问，有一次，他与一位政府税收的稽查员争论了起来，起因是一项9000元的账单。巴森士坚定地认为，这9000元的账单确实是笔死账，是不应该纳税的。但那名稽查员却认为，无论如何，这笔账都必须纳税。他们两个不停地争论，一个小时过去了，还是谁也说服不了谁。

最后，巴森士决定让步，不再与稽查员进行争论。他说道："我认为与你必须做出的决定相比，这件事情微不足道。因为尽管我曾研究过税收问题，但我毕竟是从书本上学来的，而你却是从实践中学来的。"

"你知道然后发生了什么吗？"巴森士得意地对我说，"那位稽查员马上站起身来，和我讲了许多关于工作上的事情，最后居然还和我讲有关他的孩子的事情。3天后，他告诉我他可以完全按照我的意思去做。这简直太神奇了。"

女性们可能会觉得，这位巴森士是位顾问，而作为女人不可能会有如此深的心机。

其实，巴森士并没有运用什么高超的技巧，他只是避免了与稽查员的正面冲突，这就足够了。因为那位稽查员有自重感，事实上，每个人都有，而巴森士越与他辩论，他就越想满足他的这种自重感。实际上，一旦巴森士承认了他的重要性，他也会立刻停止辩论。

　　我总结了以下方法，也许可以为女性们不再去争论提供些参考：

　　1.我觉得苏菲是个很好的例子，你完全也可以先让自己保持沉默。

　　2.你应该学会容忍别人犯下的错误。

　　3.当别人指责你的错误时，你应该欣然接受。

　　4.你可以考虑转换话题的角度，从而避免争论。

第五部分：亲情篇

懂得感恩才能教育好子女

1. 用感恩的心对待生活

前一段时间我去纽约拜访了罗琳太太——一个整天生活在忧虑之中、抱怨自己太孤独的老妇人。在到达她家之前，我就已经做好了心理准备，我必须耐下心来去倾听这位女士诉苦，而且，我的耳朵还要忍受那些已经讲过很多遍的故事的折磨。

但是，即使是这样，我也必须前往，因为罗琳太太是我的朋友，我必须帮助她从忧虑中解脱出来。

谈话开始了，罗琳太太又给我讲述起她的过去。她不厌其烦地告诉我，在她侄子小的时候，她是怎样尽心尽力地照顾他们，是怎样百般疼爱他们。

那时候她还没有结婚，但她把自己女性天生的母爱全都给了他们。直到她结婚前，那些孩子都一直住在她的家里。孩子们有病的时候，她无微不至地呵护他们，后来甚至于资助一个侄子完成了大学学业。

每当说到这的时候，罗琳太太总是很伤感地说："他们太令我失望了，因为他们似乎并不感谢我给他们的恩情。你知道吗？我的那些侄子现在根本就不在乎我这个老太婆。他们虽然来看我，但那并不是经常，而且他们从来不像你这样，能够耐心地听我讲完所有的故事。我知道这很烦人，可这一切都是事实啊！那些孩子从来不考虑我的感受，因为他们根本不认为我对他们有一丝的恩情。"

我笑着看了看罗琳太太，然后对她说："是的，罗琳，我知道你每天的生活真的很枯燥，所以，我这次给你带来了一个很有趣的故事。前几天，我在街上遇到了一个朋友，我一眼就能看出来他有心事。当我们在一家咖啡馆坐下来谈话时，他终于把他的心事告诉我。原来，就在去年的圣诞节，他给他的员工发了 10000 美元的奖金，每个员工差不多分到了 300 多元呢。可是，让我这位朋友气愤的是，居然没有一个人说过任何感谢的话。他现在真后悔当初给那些人发奖金。"

"天啊！这是去年圣诞节的事吗？马上就快一年了！"罗琳太太惊呼道，"我觉得你的朋友很不明智，他真的没有必要将一年的时间都浪费在生气上。事实上，他怎么不问问人家为什么不感谢他？也许真的是因为平时的待遇就不高，而且工作时间还很长。再说，也完全有可能是员工把圣诞奖金看成是他们应得的一部分。要是我，我绝对不会那么傻。"

我马上对罗琳太太说："您为什么不把您的侄子们看成是我朋友的员工呢？"

从那以后，罗琳太太再也没向任何人提起过那些陈年旧事，而且，她也不再认为侄子去看望她是一件顺理成章的事。不过，罗琳太太现在变成了一个快乐的人，因为她不再苛求别人感恩。

女士们，我相信你们，其实和罗琳太太以及我的那位朋友一样，都希望别人能够对你的付出做出回应，也就是希望别人能够对你感恩戴德。可是，我必须很遗憾地告诉女士们，忘记恩情实际上是人类的天性。

我想告诉女士们的是：如果你苛求别人的感恩，那么你就犯了一个很常识性的、一般性的错误，因为你真的太不了解人性了。

我不知道对于一个人来说，什么样的恩情能比拯救他的性命更重。我太太的一位律师朋友莱斯说，她曾经不遗余力地帮助过 80 个罪犯，使他们免受死刑的惩罚，没有坐上那张可怕的电椅。可是，令人啼笑皆非的是，在这 80 名罪犯中，居然没有一个人曾经对她表示过感谢，就连在圣诞节寄一张卡片都没有。

　　而我太太却对莱斯说："你应该知道，耶稣曾经在一个下午让10个瘫痪的人重新站立起来。然而，最后只有一个人回来对他表示感谢，因为剩下那九个人全都跑得无影无踪。"

　　我对我太太的智慧表示钦佩，因为既然圣人都不能得到别人的感恩，那我们这些凡夫俗子凭什么要求那么多。

　　有必要告诉女士们的是，我很庆幸当初能够及时地帮助罗琳太太改变她的态度，因为她的医生告诉我，她已经患上了很严重的心脏疾病，而且这是情绪性的。也就是说，如果罗琳太太依旧那样孤独和忧虑的话，恐怕我又要失去一位朋友了。

　　女士们，你们一定想知道应该如何解救自己，如何让自己变得快乐起来。我可以告诉你们一个秘诀，那就是把一切都看得自然一些，不去奢望以自己的力量改变现实。

　　很多女士肯定会认为我这是一种理想化的想法，是不切实际的，而且对它是否能产生预期的效果表示怀疑。我可以肯定地回答你们，这是使你获得快乐最好的也是最有效的方法。这一点，我是有事实为证的，因为我父母就是这样做的。

　　我父母都是很乐于助人的，尽管我们很穷，但他们每年都要从我们家那微薄的收入中挤出一点来救济一家孤儿院。有人可能会认为，我父母这么做是为了换取好的名声。事实上，他们从来没有去过那家孤儿院。同时，除了会偶尔收到一两封感谢的信之外，从来没有人正正式式地对他们道过谢。

但我父母从来没有奢求过什么，事实上他们很快乐，因为他们享受着那种帮助那些无助的孩子们的喜悦，但却从不苛求得到什么回报。

后来，我从家里出来了，到外面开始工作。我每年在圣诞节前后都会给我父母寄去支票，虽然那些钱并不是很多，但我只是希望能够让我父母买一些他们喜欢的东西。

可是，我惊讶地发现，他们并没有花这些钱给自己买任何东西，而是将钱换成了日用品，送给了那家孤儿院。当我问起他们为什么这么做时，他们告诉我，付出却不要求回报，这就是他们认为的最大的快乐。

我越来越体会到，我的父母拥有伟大的智慧和高尚的人格，因为他们清楚地知道，要想使自己得到真正的快乐，那么就永远不要有想让别人感恩的念头，因为，享受付出才是最令人快乐的。

实际上，有一点我是非常清楚的，那就是很多女士的抱怨都是因为她们的孩子。因为对于母亲来说，子女不知道感恩是最令人痛心的事。如果我还在这里说忘恩是人类的天性，可能会显得有些不近人情，但我也必须告诉女士们，感恩的心是温室里的花，必须通过精心地培育才能成长起来。

因此，作为母亲或是长辈的女士，你们有必要教育你们的孩子，让他们学会感恩，因为孩子的性格必定是你一手造就的。

我的姨母是一个慈爱的母亲，也是一个孝顺的女儿。她从来没有和任何人抱怨过，说她的儿女如何不孝，如何不知道感恩。然而事实上，我的这位姨母已经自己居住了二十几年，但她的几个孩子都非常欢迎她，时常邀请她到家中居住。

不过，子女们对我姨母这样并不是出于什么感恩的心，而是完全出自真正的爱。事实上，孩子们这种真正意义上的爱是从我姨母身上学来的。

我记得那时候我还很小，姨母就把她的母亲接到家中照料，同时还必须要照料她的婆婆。那些场景我到现在都不会忘记。两位老人安静地坐在壁炉前，默默地享受着生活。

我必须承认，老人们给我姨母添了很多麻烦，但我姨母从来没有一丝的厌烦，而是真心地对她们嘘寒问暖。事实上，那时候我姨母还必须分出很大一部分精力去照顾那几个孩子。但是，我姨母从来没有要求她母亲、婆婆或是孩子们感恩，因为在她看来，自己做的不过是应该做的事而已，这一切都是很自然的，也是她很愿意的。

　　我和女士们讲述这个故事的用意，就是想要告诉你们，寻求快乐的最好途径，就是不苛求别人感恩，只有把一切都看成是爱的付出，看成是最自然的事情，才会让你体会到人生的真谛。

　　女士们，这个故事实际上还传达了另外一种意思，那就是当你要求别人感恩的时候，你首先要做的，就是让自己拥有一颗感恩的心。

　　很多女士在孩子面前很不注意自己的言行，经常诋毁他人的善意。新泽西有一个寡妇，她和她前夫已经有了三个孩子。丈夫死后，这个寡妇嫁给了一名普通工人，并且把自己的孩子也都交给了他抚养。

　　这名工人很辛苦，他一周的薪水不过才40美元。为了帮助寡妇的孩子上大学，他四处借钱，欠了很多债。尽管工人的生活很困苦，但他从来没有过一句怨言。

　　可是，有谁感谢过他吗？不，没有！他的所谓的太太把他的付出当成理所应当，经常在她的孩子面前说："这一切都是他应该做的，因为那是他的义务。"

　　后来，当这个寡妇老的时候，丈夫先一步离开了她，而她的三个儿子也都拒绝赡养她。当她哭哭啼啼地指责那些孩子不知道感恩的时候，孩子们给她的回答却是："我们为什么要感恩？我们都知道你确实是很辛苦地抚养我们，但难道那些不是你应该做的吗？"

这个寡妇犯下了一个相当严重的错误，那就是她不应该当着自己孩子的面对别人的付出表示冷漠，这样使得她的孩子不知道什么叫作欣赏和感激。

我想，这个寡妇是世界上最不快乐的人，因为她在自己没有感恩的前提下，去要求别人感恩。不过，即使她对丈夫的做法心怀感激，她也不应该去苛求孩子们感恩，因为求得快乐的唯一途径就是不苛求别人感恩。

第六部分：自卑与超越篇

独特胜于完美，勇于活出真实的自己

1. 女士们，请勇敢地做自己

我非常欣赏卢梭的那句名言："我独一无二，我知己知人，我天生与众不同，我敢说我不像世界上的任何人。如果我不比别人好，那么我至少跟别人两样。大自然铸造了我，然后就把模型打碎了。"

是的，你就是你，是独一无二的你。女人们，与其羡慕别人、模仿别人，倒不如简简单单地做好自己，找到自己真正的优势。

北卡罗来纳州的伊迪斯太太，曾在给我的一封信中这样写道：

"我还是个姑娘的时候，身体很胖，双颊丰满，这使我看起来显得很臃肿，因此我成了一个极为感性而羞怯的女孩。我母亲保守刻板，她一直认为穿着漂亮衣服的女孩是花瓶，所以她坚决不让我穿太贴身的衣服，说那样容易撑破。因此，我的穿着看起来很滑稽，我没有脸面参加任何社交活动，令我开心的事更是一件也没有。在学校里，我对于集体活动避而远之，连体育运动也不参加。

"长大以后，我和年长我几岁的男朋友走进了结婚的礼堂，但我仍然没有一丝一毫的改变。我希望自己能像丈夫那样镇定从容，但是做到这一点实在是很难。热情的家人们努力帮助我，希望我能够突破自己，但我却躲进自我的世界里。因为害怕改变，我的情绪很坏。每一次门铃声响起，我的心脏都会剧烈地跳动起来，手足无措地逃进自己的卧室！我是一点儿希望也没有了，自暴自弃的想法越来越强烈。但是我不想让先生发现我内心的真实状况。所以在所有的社交场合，我竭尽全力装出一副很开心的样子。我表里不一的举止将自己的身心折磨得精疲力竭，是否还要继续生存下去的危险问题开始袭扰我的内心，我不断地想到自杀。

"但我感谢自己到现在还活着，我更加感谢那句让我活下来的话，因为这句话改变了我的一生。

"事情是这样的。有一天，婆婆在谈到她如何教育子女的问题时说：'不管做任何事情，我都坚持让他们保持独立的个性！'这几个字就如一盏明灯一样照亮了我的心，我发现了自己苦恼的根源：多年以来，我一直在强迫自己进入到一个不适合自己的生活模式中去，并为自身的无法适应而痛苦不已。

"就是这一瞬间，我下定决心找回自我。我从发掘自己的个性潜能入手，把自己的强项作为切入点。具体做法：一是选择适合自己风格的服饰，力求表现出独特品位；二是主动与新朋友结识，并参加社团活动。

"这段过程看似简单，实则相当漫长，不过我的确变得比过去快乐多了，脸上也浮现出了笑容。我把自己经过痛苦的历程才学到的经验，用来教育子女：任凭情况风云变幻，永远不要放弃做自己。"

基尔凯医生指出："这个坚持自我的问题，从亚当、夏娃之后就存在了。"不愿意坚持自我是多数精神障碍、神经疾病及心理问题的病根，这一点毋庸置疑。

帕特里就曾经说过："不能坚持自己的思想和个性，被迫变成他人，是一切悲惨人生的根源。"

好莱坞著名导演山姆·伍德也曾说过："现在我最头疼的问题，是采取何种办法改掉年轻演员模仿他人的习惯，以及让他们怎样坚持自我。这些年轻人都不思进取，只是一门心思地想成为二流的拉娜·特纳或三流的克拉克·盖博，这真是一件可悲的事情。经验不断地警醒我，只有不去模仿和坚持个性的演员才会较快成名。"

一家石油公司的人事主任曾写过一本名为《求职六招式》的书。他在解答"求职时人人常犯的最严重错误是什么"时说："求职者经常犯的最大错误，就是放弃自我。他们回答问题常常不是从自身出发，而是站在他人的立场一味附和。"

凯丝·达利是一位公交车售票员的女儿，她一路走来才明白真实做自己的重要性。在追求当歌手的过程中，她容貌上的缺点成为她最大的绊脚石：嘴太大，还是暴牙。她在新泽西的一家夜总会里第一次登台演唱时，她使劲用上唇遮住牙齿，努力想使自己显得高雅，但这样往往更加令人嘲笑她。

不幸中的万幸，幸亏当时夜总会有一位男士认为她很具备唱歌的天分。他直言不讳地对她说："你的歌唱得很出色，但是你不自然的神态大大降低了你的水平，你要遮掩的是牙齿吗？暴牙又不存在过错！根本就不用刻意掩饰。不张嘴唱歌，你又怎么能发挥出你的个性？换句话说，你现在引以为耻的暴牙，将来也许正是你宝贵的财富呢！"

从此以后，凯丝·达利彻底把暴牙遗忘了，她张大嘴巴尽情地歌唱。最后她取得了巨大成功，观众们点名要听"暴牙凯丝"唱歌。

威廉·詹姆斯曾说过："普通人大脑的开发利用率很低——不超过20%，多数人所具备的潜能，连他们自己都不太了解，更别说充分发挥了。与应该达到的使用标准比较，其实人们还有一半以上的潜能未被彻底挖掘出来。我们仅仅运用了一小部分头脑的能力，可以说人被自己定的标准限制住了，我们天生被赋予了丰富的资源，却常常无法运用自如。"

美国作曲家艾文·柏林给作曲家乔治·盖希文的忠告：坚持自我。柏林与盖希文初次会晤时，柏林已声名在外，但盖希文还是个默默无闻的音乐工作者。

对盖希文的出众才华，柏林相当欣赏，他在高薪邀请盖希文为他工作时说："最好拒绝这份工作，如果你接受，再努力也是在艾文·柏林之下。但如果你坚持自我的创作个性，有一天你终将成为一流的盖希文。"

最后盖希文成为当时美国著名的作曲家，这其中不乏艾文·柏林的贡献。

金·奥特瑞不喜欢他自己的得克萨斯州口音，他对外自称是纽约人，但别人对他嗤之以鼻。后来他重抚三弦琴，并演唱他的故乡乡村歌曲，才最终奠定了自己在广播影视界"牛仔大哥"的地位。

在这个世界上，别不在乎自己，因为你是独一无二的。归根结底，所有的艺术都类似一种自传。

爱默生在他的散文《自信》中说过："人总有一天会明白，最无用的情感是嫉妒，拾人牙慧无异于自杀。无论结果好坏，自力更生才是出路，尽管宇宙充满幸福美好的事物，那也只有通过辛勤耕耘才能大丰收。"

另一位名家道格拉斯用诗句表达了做自己的重要性：

假如你做不了山巅的青松，

就做低谷中的灌木吧！

不过，最好的灌木紧邻山溪。

就做一株灌木吧！

如果做不了大树。

假如你连灌木也做不了，

不妨做一棵小草，

为枯燥的高速路增添一点生气！

假如你没当成麋鹿，

那当一条小鱼也很好！

在湖中它是最活泼的！

不能都当船长，当船员也好，

总有任务适合你做。

无论职务轻或重，

总得完成手中活。

做不了高速路，那就安心当条小路，

太阳做不成，星星也可以。

成败不在大小——

在于是否竭尽所能。

　　女人们，世界因为有你的存在，才变得丰富多彩。你不需要跟别人一样，因为你是你自己。没有人能够代替你，你就是这个世界上独一无二的存在!

2. 女人别忘了爱自己

　　"爱自己"绝对不是自私自利，而是走向成熟的标志。爱自己就是要接受自己，要冷静客观地接受自己、面对自己。

　　喜欢自己是我们喜欢别人的基础，连自己都不喜欢的人又怎么会喜欢别人？仇恨、厌弃和虐待其他所有事物的人，最后一定会自我厌弃。

　　集中精力发挥自己的优点，才是取得成功的关键。把自己最优秀的一面充分展示出来，莫要总是盯住自己的缺点不放。当然，有了错误一定要改正，但完全没有必要时刻把它牢记在心里，使其成为一种负担。

　　斯曼莱恩·布兰顿博士在《爱，或者寂灭》这本书中这样写道："适度的自爱，是一个人健康的反映；适度的自重，对工作和成功都将大有裨益。"

这种说法千真万确。"爱自己"是健康生活的一个重要标志。

一个成熟的人，绝对不会只是紧紧地盯住自己的缺点不放。举个例子来说，一个人大可不必因为自己不具备比尔·史密斯的自信或缺乏吉米·琼斯的进取精神而杞人忧天，因为他们也不是什么缺点都没有的完人，但是他们清楚地知道自己是什么样的人，以及自己想要干什么。

哥伦比亚大学教育学院的亚瑟·T.杰西尔博士持这样的观点：应该通过教育来帮助儿童甚至成年人了解自己，帮助他们建立起自我接受的成熟态度。

他在《当教师与自己面对面时》一书中写道："教师的生活和工作，充满了希望和苦痛，自我接受对于教师来说尤其重要。"

《进步的生活：性格自然成长的研究》一书是罗伯特·W.怀特的作品，他是哈佛大学心理学教授，在书中他这样写道：

"现在普遍流行的一种观念是，任何人都应该调整好自己，使自己适应周围的环境。然而，这种观念却误导了人们，让人们认为要成功就要善于调整自己，以适应固定的生活模式、乏味的生活规则、苛刻的外界限制，或者是屈从于压力。

"事实上，这样做的结果，只能使人迷失方向，失去成长和创造的可能性。卓越超群的勇气或清楚地知道自己能做什么这两种素质，极少有人能够兼而有之。我们的行为并非由我们自己决定，很大程度上由社会和经济群体支配着。在同一群体内部，我们与周边的人有着相似的生活和思想，如果我们自己的个性和周围的环境发生冲突，那么，我们往往就会迷茫失措，从而开始质疑自己。"

我清楚地记得，一个女学员就曾因陷入这种冲突之中而整日困惑。她的丈夫是从事律师职业的，做事独断专行。他的社交圈子里的人也是一样，他们评价一个人的成就高低完全依据他的社会地位。

这位夫人表面上文静谦和，但是在这种圈子里没有人懂得欣赏她所具有的优良品质。在日渐浓厚的压抑和卑微感中，她变得越来越沮丧，渐渐泯灭了自信，因为她的表现总是达不到圈子的标准，她开始讨厌自己。

这真是一件可悲的事情，为什么要改变自己去适应环境？她完全可以换个角度，从适应她自己出发，愉快地接受自己，不要太在乎别人的看法。"天生我才必有用"，每个人活在世上，都有各自存在的价值，每个人都要遵照自己的性格行事，而不是屈服于他人的压力。

从她本身来讲，重塑自我的最重要的一点，就是彻底放弃别人的标准，要根据自身的实际情况建立起属于自己的价值观，并在生活中不断实践。同样重要的还有，要学会独处，不要总是批评自己。

排斥自己的人总是很难发现自身的闪光点，但他们却总能发现自身的缺点。虽然适度、适时的自我检讨能够促进人不断完善，但是，绝不能让自我检讨成为一种压力，否则只会起到相反的作用。

还有一位女学员，她一直不停地抱怨，说自己的演讲总是没有预期的好。她说，她一登上讲台，心里面就特别没有底气。她特别羡慕其他同学的沉着自信，恨自己不能像他们那样，如此一想，她演讲的效果就更加糟糕了。

她的这种抱怨，我已经司空见惯，我给她开了一个小药方——一句很简单的话："对缺点置之不理。导致你演讲失败的原因，就在于你没有看到自己的优点。"

根本没有谁会在意莎士比亚的戏剧和狄更斯的小说中的某些不足。这些伟大的作品是由于它们的优点才受人推崇的。推而广之，我们结交朋友也要看到他们的优点，而对于他们的缺点可以忽略不计。

集中精力发挥自己的优点，展现自己最优秀的一面，抛开自己的缺点，是每一个人取得进步的基础。知错必改，并快速遗忘，彻底摒弃负罪感和自卑感，这样我们才能尊重或喜欢自己。

我们先要培养出能包容缺点的心胸，然后再去尝试着喜欢自己。

但是我们不能对自己降低标准，否则我们将变得日益懒散或消极。既然没有人能永远做到最好，那么我们就不要强行要求自己达到完美。

我见过一位女士，是一个绝对的完美主义者，她苛求自己无论做任何事都必须尽善尽美，绝不允许出现任何差错。结果却事与愿违，她所做的事情很少是成功的。例如，即使是一份简简单单的报告，她也要反复斟酌好几个小时，结果往往会超过领导规定的时间，而且还把自己弄得焦头烂额。

要求绝对的完美，这其实是一种冷酷的自以为是。这种人要求自己必须比别人强，否则便认为是失败。他们唯一的想法是如何超过别人，至于能不能把事情做好，则是第二位的。

完美主义者也是人，遭遇失败也是家常便饭，但是他无法容忍自己不如别人，在他的字典里根本就没有"失败"二字，一旦事与愿违，苦果就只能自己独自品尝。因此，要想喜欢自己就不要对待自己太苛刻，要坦然面对自己的缺点和不足。

为了了解自己，我每天给自己一段独处的时间，这是必须做出的努力，因为给自己一定的思考时间对于尝试喜欢自己有着巨大的帮助。

马里兰州巴尔的摩谢尔顿精神病学会董事里奥·巴蒂梅尔博士曾说："过去的人们习惯于晚上入睡之前，反省自己当天的所作所为。

现在看来，这种方法仍不失为了解如何善待他人和自己的好方法。"

我们必须先容忍自己，他人才会成为我们的朋友。

哈里·艾默生·福斯狄克曾说："忍受不了独处生活的人，就像被风吹拂的池塘，只要风不停歇，就永远无法平静，不能展现自己美好的东西。"

独处并不意味着孤独，相反，独处给予我们一个观察生活的客观立场。独处对于灵魂的益处，犹如新鲜空气对身体的益处。

女人们，何必将自身的快乐寄托在别人身上？喜欢、尊重和欣赏我们自己，与喜欢、尊重和欣赏别人一样，都是健全人格的一部分。

3. 勇于承担责任是成熟的标志

个性是一个人独特性格的表现方式，好的个性值得人们去发扬，坏的个性则需要人们想方设法加以改正。女人的个性就像七彩的服装一样，各有不同，色彩斑斓。

女人只有了解自己的个性，并不断地完善自我，才能活得洒脱、充实。

人要获得真正的自由，就必须勇敢地接受生活的挑战。对于身心成熟的人来说，"顺从"与自己毫不相干，只有那些茫然无从者才将自己的决定权交给别人。

"想要做人，就要永远做一个不服从主义者……我之所以犯下无数的错误，都是因为我放弃了自己的立场。"伟大的不服从主义者拉尔夫·爱默生，他所说过的这些话至今仍有振聋发聩的作用。

年轻人最大的弱点是人生经历较短而导致缺乏经验，所以很多时候，他们都担心自己与众不同。

比如，他们害怕自己的服饰、话语、举止或思想观点被他所属的群体排斥……

许多家长在教育自己的子女时，经常会对子女的想法感到困扰："女孩子18岁还没有男朋友会被人嘲笑的。""你们想把我改造成格格不入的怪物吗？我敢保证谁都不会在11点以前回家的。"

小孩子生活在同学和朋友们构成的群体中，他最看重的是他们对他的看法以及他们对他的接受程度。群体的标准和父母的标准之间的差距，往往是孩子们青春期最大的障碍。对于任何一个家庭来说，这都是极为敏感而又很难处理的问题。

不盲从是一件极难做到的事情，它不仅会产生不愉快，有时还会给人带来生命危险。正因为后果如此严重，所以许多人心甘情愿地跟随大众，接受大众的保护和指引，既不怀疑，也不抗争。其实这种安全感是在自欺欺人，因为最终受伤害的往往是那些追随大众而毫无主见的人。

著名的战地记者艾德格·莫瑞先生曾说："在这个世界上，任何男女都不能靠拥有隐忍这种美德（例如自我调整适应、未雨绸缪或知足常乐等）来达到生活的理想状态……他们必须通过重重难关，才能达到卓越或幸福的极致。"

勇于承担责任是一个人成熟的标志。长大成人意味着你从此离开父母羽翼的保护，独自步入属于你的世界。所以，我们应坚决拒绝因害怕而盲从的做法。

许多人常常会被群体的力量所控制，当有很多人不赞同自己时，便理所当然地认为是自己错了，从而放弃了自己的想法。坚持被大众反对的目标，就是直接站在了大众的对立面，没有极大的勇气根本无法做到。

一个在困境中不盲从、依然能坚守信念的人，才是最勇敢的人。

在一场社交聚会上，人们的话题都集中在一个充满争议的问题上。几乎所有的客人对这个问题的看法都一致，只有一个人与众人的观点迥异，但是他很有礼貌地不去谈论它，直到有一个人非要他说出自己的看法。

"我本来不希望任何人追问我，"这位客人态度亲和地说，"因为只有我一个人的观点和大家截然相反，我不想因为自己弄得大家都不愉快。现在你问到我，那我就简单地表述一下自己的观点。"

于是，他把自己的观点简单地谈了谈，他的话音还没落，众人便群起而攻之。这一切都在意料之中，但他丝毫没有退让。虽然最终都没有一个人加入到他的阵营，但是人们对他却肃然起敬，因为他没有盲目附和大多数人的观点，勇敢坚持了自己的信念。

那些最开始到西部去的开拓者，没有任何专家给他们指点，也没有任何经验可以借鉴。当面临危机或突发事件时，他们完全依靠自己的判断进行决策，使用自制的药品给自己医治疾病，靠自己的力气和谋略对付印第安人的偷袭，靠自己的双手和技术为家人搭建庇护所，靠自己去种植或寻找食物满足基本的生存需要……

所有的生活问题都需要他们自己去解决，而且他们也解决得非常好。可是，现在的我们过于依赖专家，并且已经养成了听取这些权威意见的习惯，结果我们的独立能力越来越差，也越来越没有自信心。相反，那些专家们却越来越趾高气扬。

艾德格·莫瑞曾通过他的书，传达了这样一种观点："不要否定个人至高无上的价值。因为这种否定，就像纳粹主义的专制。如果美国人的个性会因为威胁或贿赂而放弃的话，那么他们对以普通百姓为基础的政府的敬意又从何而来呢？"莫瑞先生在书的结论中这样说道："即使你做不成天使，也不能做蚂蚁。"

当今社会，"成为你自己"是一种目标。在我们这个文明已经高度发达的社会中，了解自己已经很难，而要实现"成为你自己"的目标就更是难上加难了。

哈罗德·W.杜斯先生——普林斯顿大学校长，一直非常担心

"不顺从"会被"顺从"征服，所以他在1955年6月发表的普林斯顿大学毕业生训词中，选择了"作为个人而存在的重要性"作为题目。

杜斯校长告诫毕业生说：

"不论强迫你顺从于他人的压力有多大，如果你能够真正成为你自己的话，你就能体会到，无论你对于屈服做多么合理的解释，你都不会成功，除非你愿意舍弃你最后的资本——自尊。人类只能在自己的内心当中找到答案：他为什么来到这个世界，他在这个世界上应该做什么，以及他将去往何处。"

对于身心都成熟的女人来说，她们任何时候都不会盲目地"顺从"，只有那些茫然无主者才会将之视为护身符。

4. 有目标的人生更有意义和力量

目标之于人生，犹如太阳之于人类。没有太阳，人类将变得暗无天日，乱成一片。没有目标，人生就失去了方向。目标就像一张地图，指引你到达你想去的地方。

女人们，只有有了人生目标，我们才不会无所事事，生活才不会浑浑噩噩，才能够实现自己的人生价值。

目标对于人生的意义，就在于它是人一生的航线，人所有的活动都是围绕着自己的目标进行的。有了目标就有了努力的方向，有了方向你们才能成功。你就会在克服困难、经受挫折的过程中体会到无穷无尽的人生乐趣，你自己的生活也将从此充满无限激情。

洛克菲勒先生曾经在接受我的采访时，说过一个有趣的假设："我们把全世界所有的财富都集中到一起，然后平均分配给全世界的人，让所有的人都拥有同样多的财富。短时间以后，这种平均状况就会被打破：一小部分人又会成为有钱人，而且财富会像滚雪球般越来越多；另外那一大部分人就会还原成普通人甚至是负资产者。而且，随着时间的推移，经济学家口中所谓的贫富差距将大得惊人。"

我对洛克菲勒先生的这种说法持怀疑态度，但他说："放下你的怀疑，我所说的千真万确。在大家拥有了那些财富以后，有的人会因为赌钱而付出已得到的财富，有人会因为漫无目的的投资而血本无归，有人则被他人欺骗而倾家荡产。此外，还有无所事事的人会满足现状而坐吃山空。"

洛克菲勒先生接着说："我敢肯定，再过两年时间，或者时间再久一点，那么整个世界的财富分配情况又会恢复到从前的状态。少数人拥有大量的财富，没钱的则还是大多数人。"

我向他请教导致这种现象的原因。

洛克菲勒笑着说："我想大多数人都会用命运、机遇、自然法则来给自己的境遇找原因。但我认为，最主要的原因还是目标的差异。一个有目标的人，清楚地知道自己要达到的目的和希望得到的东西，因而便可以提前行动和选择捷径。在目标的激励和指引下，以行动去践行自己的理想，这样的人取得成功的可能性就大，成功之后财富就自然而然跟着来了。"

洛克菲勒的说法让我心悦诚服。一个人如果对成功没有一个明确概念的话，他的成功只能是痴心妄想。选择适合自己的目标是获得成功的最重要因素，然后毫不犹豫地做出抉择，所有行动都向着目标努力。

如此一来，女士们定会认为我太过乐观了，因为有了目标的人也不一定就会成功。在残酷的现实社会里有目标而没获得成功的也大有人在。而且即使同样是成功，也有大成功和小成功的差异。对于这样的现象，又该如何解释呢？

的确会有这样的情况存在，但是不能因此否定目标的作用。出现上述差距的原因，主要是由于个人的目标在大小上存在的差别较大。大的目标必须着眼于对事业的追求；而仅仅是满足于普通生活的小目标，自然也就局限了一个人的发展。

莎士比亚的一句话更能说明问题："吃饭是为了活着，还是活着是为了吃饭？"

所以我劝告女士们：在你想要取得成功之前，必须给自己树立一个符合实际的大目标。大目标具体是指：你要去做的事情存在一定意义和比较大的价值，莫要以自己为中心，要考虑更多的人和更多的事。

它不仅要求你最大范围地解决问题，而且要求你能在最大的空间和时间里产生最大的影响。

很多成功人士，都是在大目标的引导下才最终获得了成功。

"A世界"农产品公司的董事长沙娜·马科瑞斯女士就是一个典型的代表。沙娜女士可是美国少有的女性商业家，她在介绍自己的成功经验时，一再强调订立了远大的目标并且付诸实践是自己取得成功最重要的原因。

很多人都认为，农产品市场是个永远只能靠天吃饭的行业，沙娜女士反其道而行之，并且定下一个目标：研发出一种直接影响消费者购买行为的新型农产品。

沙娜定下这个目标，是经过长时间的深思熟虑的：实地考察，查阅资料，思考研究。沙娜认为在处于低迷状态的市场中，只有有了独特的新产品才有立足之地。

具体来说，为防止市场供大于求的状况，别人卖番茄、马铃薯的时候，自己就不能亦步亦趋；否则的话，想要挣钱简直就是痴心妄想。所以，沙娜将目标定位于调整市场结构，将产品的类型定位于独特性，她相信这样做会大大增加自己成功的概率。

于是，沙娜女士带领她的团队，在经过严谨的研究、讨论后决定，要培育出一种从外形到风味都很独特的新品种。

最后，一种名为"皇家红甜椒"的新品种诞生了。这种新产品一上市就取得了空前的成功，沙娜女士也因此实现了自己预先制定的目标。

女士们，当你们像沙娜女士一样拥有一个理想的目标时，就一定要像对待自己的孩子一样全心全意地付出，并最终实现这个目标。因为，这个工作是你自己喜欢做的事情，所以你就会在克服困难、经受挫折的过程中，体会到无穷无尽的人生乐趣，你自己的生活也将从此充满无限激情。

女士们一定要摆脱浑浑噩噩、平凡度日的生活方式。从现在开始，请你为自己确定人生的奋斗目标吧！并且，为自己的事业和人生制订出一个切实可行的计划，只要你去付出努力，是否取得成功已是第二位，因为到最后你会惊奇地发现，自己已经摆脱了平平淡淡、庸庸碌碌的生活状态。

莎士比亚、贝多芬、达·芬奇，这些人给我们留下了宝贵的精神财富。人们热爱他们，是因为他们一直都在为拥有的远大目标不懈地奋斗着，一直在创造性地发现着。

目标的魅力和威力就在于，它不仅仅给人带来人生的成功，更使得人们因此取得伟大的成就，名垂青史。

沃克医生是全美家庭保健协会的主席，他曾在一次协会成员内部问卷调查中，让他们总结出百岁老人的共同特点。

多数成员都选择了健康的饮食、合理的运动、戒烟少酒等内容。沃克医生为此亲自走访过十几名百岁以上的老人，最终的结果令所有的医生都感到惊讶不已：他们共同的特点是有一种对未来的期待（也就是我们所说的人生的目标）。

美国著名的商业家毕尼斯曾极为肯定地这样说过："给我一个有远大目标的员工，我有信心把他塑造成一个可以改写历史的人。但假如你给我的是一个心中没有目标的员工，那我也只能把他培养成一个合格的员工。"

目标不仅仅为人们勾画好了人生脉络，更让人们拥有了把握现在的力量。所以，女士们，你要脚踏实地地做好当前的工作，并且明白，自己现在所有的努力都是为将来目标的实现做铺垫。

让我们用道格拉斯·列顿的话来结束这一节："要想实现你的愿望，那么你首先要搞清楚你的愿望到底是什么。当你明白自己的人生追求的是什么之后，你就已经为你的人生做出了最重大的选择。"

5. 充实的心灵，成就充实的人生

在现实生活中，许多女人都在追求一种"永恒"的东西。那么，世上有没有"永恒"？有，因为变化就是永恒。

女人们，为了让自己不被时代抛弃，我们必须把自己当作"蓄电池"，要不断给自己充电。

要知道：如果没有过硬的职场拼杀本领，在人们眼里就难免会留下靠脸蛋混饭吃的印象。而如果脸蛋再靠不住，那么职场的位置可就"风雨飘摇"了。

《纽约时报》在1956年2月曾刊登过一篇专访，是关于艾萨克·普雷斯兰的。这个人是名售货员，他通过四年夜校学习拿到高中毕业证书后，就立即报名参加了布鲁克林学院夜大部学习法律。他在一篇题为《什么是幸福》的作文中写道：

　　"对我来讲，拿到了高中文凭，就可以继续上大学了，将来，我就有希望成为一名律师了，这就是我最大的幸福。向前看，我很开心，我得看看我能学到什么程度，我想在夜大学习五年或更长的时间，然后，我计划到法学院再读五年。"

　　读罢上面的文字，你肯定会认为这是一个年轻人的计划，但是事实却不是这样。在去夜大注册前，普雷斯兰先生已经步入了花甲之年。

　　只有具备成熟人格的人才会懂得：学习是一种快乐的过程，年龄从来不是障碍。一个老人尚且如此，我们又有什么理由不积极学习各行各业的知识呢？

　　一个想要愈变愈好的女人，跟上时代，并让自己的生活有趣、谈话有料的上上之策，就是给自己充电。

　　心灵，是组成我们身体的最重要的、最基本的部分。要使它不断成长，我们就要源源不断地给它养料，锻炼、培养它，否则的话，它就不再成长，甚至退化。

　　因此，我们要积极地调动自己的心灵，主动而非被动地去接受教育的影响。

　　有一天下午，一位女士来找我，想咨询一下我对"她丈夫不喜欢她"这件事的意见。她说她丈夫是一名经理，在事业上十分成功，兴趣爱好也非常广泛，而且还有很高的品位。她越来越觉得自己已经跟不上他的脚步。

说着说着，她已经泪流满面，最后，她找出造成这一现状的原因，说这都是因为自己没有机会上大学。特别是生了孩子以后，她更是把全部的精力都投注到孩子身上，根本就没时间提高自己的修养。

而她丈夫对听音乐、看画展或者读书这类活动却是日益渴求。她说丈夫现在嫌弃自己，因为她和他那些有文化的朋友已经格格不入了。她觉得丈夫这样对她很不公平。

我问她："现在，孩子们都长大成家了，你是如何打发时间的？"她说她通常都是打桥牌、看电影或读言情小说。

通过与这位女士的交流不难看出，她只喜欢娱乐，平常根本没有花费精力去培养自己的兴趣。因为她缺乏这种精神和愿望，所以失去了许多提高自己修养的机会，使自己越来越无法跟上自己丈夫的脚步。

与这位不思进取的女士相同的人还有很多。他们把自己局限在狭小的世界里，他们总是借口说自己的岁数太大了，一切为时已晚。他们自甘落伍，总是哀叹自己再也赶不上人生站台上的末班车。

事实上并非如此，对那些想发展自己的人来说，任何时间都不晚。迟到的开始永远比没有开始好。

多年以前，能上大学接受教育的只是一小部分幸运儿。现在的情况比以前好多了。所以，现在可以说每个人接受教育的机会都是平等的，关键在于你是否具备强烈的主观愿望。满头白发的老头、老太太上大学、拿文凭也是司空见惯的事。

有一位跟我很熟识的妇女，住在得克萨斯城，丈夫是一位律师。她最小的儿子大学毕业参加工作时，她已经五十多岁了。她在接受了得克萨斯大学四年旁听生的教育后，以优异的成绩毕业了。

如今她已经年逾古稀，丈夫去世后，她独自一人生活。但是她一点儿都不孤单寂寞，她积极参加各种社会活动，朋友和仰慕者多得她都觉得有点手足无措了。她爱每个走进她生活的人，她的儿女们喜欢她去他们家居住。她在自己的心田里播下了善果，现在，她享受着幸福的收成。

学习是一个从生到死都不间断的过程。不要寄希望于学校能提供给我们所要用的全部的知识。哪里都是学堂，哪里都有我们需要学习的东西，所以，中国有句老话叫"活到老，学到老"。我们要时刻给心灵提供足够的养料，这样在将来的日子里，我们才不会饱受寂寞的折磨。

赫伯特·莫里森是英国工党著名的领导人，他15岁时曾是伦敦的一间杂货店的伙计，一个偶然的机会，他在街头遇到一位算命先生。算命先生问他读什么书，年轻的莫里森说："除了凶杀小说，就是言情小说。"他所说的，都是些街上书摊上卖的廉价书。

算命先生说："还好，不管读什么书，总比不读书强，你真是聪明啊，不过你不应该把时间浪费在这种无聊透顶的书上。读点历史、人物传记什么的不是更好吗？从现在开始，你应该培养自己读严肃书籍的习惯。"

老人的话让他明白了一个道理：尽管自己接受学校教育的时间很短，但他可以继续进行自我教育。15岁的赫伯特·莫里森从此开始了他的读书生涯。他读过的许多有意义的书，也成为他长大后进入众议院的敲门砖。

对于整日里无所事事的人们来说，尽管知识就在他们身边，他们也不屑一顾！他们一边哀叹着上天的不公，一边浪费着身边的宝贵资源。他们不知道人类的大部分智慧都凝结在浩瀚的书海中，只要翻开它们，就一定会有收获！

我始终钦佩和鼓励热爱读书的人，因为和不读书的人相比，他们更具包容力和理解力。

任何一个人都无法拒绝衰老，当自己的体力日益变得衰微时，只有我们所拥有的知识才会填补我们心灵的空虚，使我们的精神空间始终充满着愉悦。

女人们，让知识填补我们心灵的空虚吧，让我们更喜欢自己，做个内外兼修的幸福女人吧！

6. 时刻保持积极向上的心态

为了诠释精神的神奇力量，我要给你讲一个故事。这个故事发生在美国南北战争时期。

本来这个故事就足以写一本书，不过，我们还是直奔主题，捡要紧的说。

基督教有一位"信心疗法"创始人——玛丽·贝可·艾迪，想必现在的信徒们都久闻其大名，可是当时，她的生活一度被疾病、愁苦和不幸所占据。在她婚后不久，她的第一任丈夫就离世了，之后第二任丈夫被一个已婚妇人引诱离家出走了，后来，她在一个贫民收容所找到了他的尸体。

她只有一个儿子，4岁时生了一场病，由于饥寒交迫，她不得不把他送走，从此以后，在长达31年的时间里，她都没有见过他一次。

出于对健康的考虑，艾迪开始对"信心疗法"感兴趣。从此，她的人生发生了天翻地覆的变化。

某日，冰雪交加，天气寒冷，她突然昏倒在结冰的路面上。她的脊椎被撞伤了，身体开始不停地痉挛，医生认为她来日不多。医生还说，就算出现奇迹，她能够保住性命，也不能像从前那样拥有灵活行动的能力了。

在病床上，艾迪翻开一本书。她看到书里这样说："人们用担架抬着一个瘫子来到耶稣那里，耶稣却对瘫子说，伙计，放心吧，你是无罪的。站起来，拿着你的被子回家去吧。那人就真的站起来，回家去了。"

她后来回忆说这几句耶稣说的话，使她获得了一种力量，坚持信仰能带来一种能够抚慰并医治她的力量，使她能够离开病床，慢慢正常行走。

艾迪继续回忆："这种经验就像启发牛顿灵感的那只苹果，我发现自己慢慢康复了起来。我认为每个人都可以做到，这主要在你的心态，它比任何东西都要有意义。"

也许你会说："她在传播基督教。而不是什么信心治疗法。"

你错了，我不是这个教派的成员，但是我活得越久，越对思想的力量深信不疑。我在成人教育事业里打拼了35年，我明白，男人和女人都能够战胜忧虑、恐惧和很多困难，只要调整自己的心态，就能战胜很多厄运。

我对这种转变一点都不陌生，并亲眼见到过成百上千次。它在我们的生活中非常普遍，一点也不新奇。

有个难以置信的实例，能够显示精神的力量，它就发生在我的一个曾经精神错乱的学生身上。这件事的起因就是忧虑，他后来回忆时说：

"任何事情都能让我不快。身体太瘦让我担忧，然后，我又觉得自己老是掉头发，还觉得自己太穷没法娶个太太。我似乎无法做一个合格的父亲。我不知道能否娶到自己心仪的那位姑娘。而现在的生活更让我难受，我很担心自己给别人一种糟糕的感觉。我可能得了胃溃疡，不能再从事任何职业。失去工作后，我内心的紧张感逐步增加，像一个失去安全保障的锅炉。压力太大令人难以忍受。后来，问题真的爆发了。

"要是你从来没有尝试过精神崩溃，就祈求上帝让你永远别有这个机会吧，因为，那种精神上无以复加的痛苦，远远超过身体上任何一种痛苦。

　　"我精神上的严重问题让我无法和家人交流。恐惧充满了我的内心，我无法自己，只要稍有响动，我就会焦躁地跳起来，我只得躲避每一个人，常常毫无缘由地掉眼泪。

　　"我任何时候都痛苦不堪，我觉得所有的人都瞧不起我，甚至上帝也离我远去，我真想纵身跳河而亡。

　　"后来我想去佛罗里达州玩。希望换个环境，可以给我带来转机。我到火车站后，父亲给了我一封信，并说等我到了佛罗里达州之后才能将其打开。

　　"我到佛罗里达州的时候，正好是旅游旺季。旅馆里已没有了房间，我就租了一家汽车旅馆的一间房间。我想在迈阿密一艘货船上找点零活干，但结果失败了。后来我就在海滩上消磨时间。我的状态并没有比在家里时有一点的好转，此时，我拆开了那封信，看看父亲想说什么。

　　"他在信中说：'儿子，你现在在2414千米之外，但你并没有觉得精神有所好转，是吧？我觉得你不会感到有任何不同，因为你还没有抛开所有麻烦的祸根——你自己。其实你的身体和你的精神都没有什么大问题，并不是你周围的环境打败了你，而是你对这些情况的看法有些问题。总之，一个人心里怎么想，他就会是什么样的模样。现在你明白了这点，孩子，你回家来吧。那样，你会好起来的。'

"父亲的信使我十分不满。他又一次给了我教训，而不是同情。我当时气得想永别家里。那天晚上，我走到迈阿密的一条偏僻的街上，溜进了一个正在举行礼拜的教堂听了一场布道。

"主讲人证明了这样一个观念：'能征服精神者，强过攻城略地。'我在上帝的圣殿里听到了好像父亲的声音，我这才开始认真面对自己，慢慢意识到自己真的很可笑。我总想改变这个世界，为此对全世界所有的人不满。其实唯一需要做出调整的，只是我的内心观念。

"第二天一大早，我提着行李，坐火车回家了。一周以后，我回到了我从前的职位。4个月以后，我和我一直怕失去的女孩子结婚了。我们组成了一个幸福的家庭，现在有5个孩子。上帝在物质和精神方面对我都很照顾。在我精神出问题之前，我是一个有18个部下的小部门的夜班工头。而现在，我进入了一家纸箱厂，成了管理450多名员工的厂长。我有了比以前更充实、友善的生活。现在，我真正读懂了生命。我会用这样的自我劝慰来战胜困难：只需改变一下想法，乌云就都散去了。

"诚实地说，那次精神崩溃是我拥有的最大财富。因为它告诉我，思想对身心有巨大控制力。我现在可以引导我的思想，让它不再危害我。我现在懂得了父亲的明智，不是外在事物给我制造了麻烦，而是我看待各种事物的方式。一旦我明白了这点之后，精神就完全正常了，而且还告别了疾病的困扰。"

以上，就是那位学生的经历。

我坚信，我们内心的宁静、我们在生活中获得的乐趣，和我们在何处、我们有何物或者我们是何人没有任何关系，而是取决于我们此时的心境，它不受外在的环境的影响。

若有人问我，活了大半辈子，我学会了什么？我只能这样告诉你：除了自己，没人能让你平静。

一个人在事情中所受到的伤害，没有他对事情的成见招致的伤害来得深切。而一个人成见的存在与否，完全依靠我们个人的决定。

当你被各种困惑困扰着，精神疲惫紧张时，我应该大胆地提醒你，你能够凭自己的意志力改变你的心境。

实用心理学的权威威廉·詹姆斯提醒我们，想要改变我们的情感，仅仅只凭"下定决心"是不行的，但我们能够使行为改变，与此同时，我们的情感自然地也会有所变化。

威廉·詹姆斯说："**假如你感到不快乐，那么，振作精神是唯一能让你找到快乐的方法。这会在潜移默化中改变你的言语和行动。**"

这种方法是否奏效呢？你不妨试一下。让你的脸上绽放开心的微笑，挺起你的胸膛，用心做深呼吸，然后唱一首歌。如果你不会唱歌，就随便哼一段，哪怕吹个口哨也行。这样，你就会明白威廉·詹姆斯话中的深意所在。如果你在改变行动的过程中渐渐感到快乐，忧虑和颓丧就会随之消失。

创造奇迹是大自然亘古不变的真理之一。我曾经认识一个居住在加利福尼亚州的女人，如果她早一些懂得这个道理，就不会长期饱受情绪低落的折磨。

衰老和寡居让她倍感忧虑，她似乎从来没让自己快乐过，要是你问她近来心情如何，她总是这样回答你："啊，我还好。"然而她脸上的表情却背叛了她的语言。在她心里或许在这样说："噢，老天，你只有遭受了和我一样的经历才会明白。"

在生活中，不少女性的精神状况甚至比她还要糟糕。这位女性的亡夫给她遗留了数目不菲的生活保险金，她的子女也都已成家立业，足以赡养她。可我依然很难见到她破颜一笑。她时常抱怨她有三个自私的女婿。

其实一年中，很长一段时间，她都是在女婿家里度过的。她还抱怨女儿从来不送她任何礼物，而对自己的吝啬，她却从来没有感觉。为此，她和家人一样讨厌自己——这才是她不快乐的真正症结。

她本来可以走出忧愁，做一个受家人尊敬和喜爱的老人。只要她换一种心境，从前的抱怨就会烟消云散。而不会像现在这样，不停地说自己有多不幸。

十年前，英格莱特先生患了猩红热，在他康复后，却发现肾脏也患了病。他为了治病求医无数。后来，他告诉我说，没有任何医生对他的病有所帮助。

不久前，另一种病也开始侵扰他，致使血压明显升高。医生说他的血压已经到了214毫米汞柱，并宣布，医疗手段对他已经无能为力。让他做好临终的准备。

后来，他说：

"我回到家，知道已经付过了全部的保险金。然后我向上帝默默忏悔以前犯过的过错，难过地默默沉思。因为我的病，害得家里人也都很不幸福。我的妻子和儿女都很难过，我自己也陷入沮丧的情绪无法自拔。

　　"然而，在一个星期之后，我对自己说：'你简直就是个白痴。今年会不会死都不知道，既然还活着，为什么不活得快乐些？'

　　"因此，我挺起胸膛，面带微笑，表现得和平时一样。我承认，刚开始改变自己的时候非常艰难。但是，我逼着自己开心，强迫自己对身边的事物充满火一样的热情。这不但对我的家人有好处，对我自己也有助益。

　　"接着，我慢慢变得越来越开朗了，脸上几乎看不出病人的痕迹，甚至比常人还要自然。本来以为现在我应该已经躺在棺材里了，但今天我不仅很快乐地活着，而且健康状况也有所改观，我的血压降了下来。可以肯定地说，如果我的脑子里只有死亡的念头，那么，医生的语言将会很快变成现实。可是，我给了自己一个重新恢复的机会。除了改变我的心情外，别的几乎什么都没有做过。"

　　我现在想问你，如果快乐和勇气能使人重新拥有健康，那我们为何要在一些失意的事情上伤心颓废呢？如果可以为自己创造快乐，那又为什么让自己和身边人一起感染上消极的情绪呢？

　　多年以前，我读过一本给我留下深远影响的书，书名叫《人的思想》，作者是詹姆斯·艾伦。书中这样说：

人们会发现，当他改变对事物和他人的看法时，事物和其他人就会因之而发生改变。

如果有谁用阳光的一面思考问题，就会吃惊地发现，他的生活受到了实质的影响。虽然人们无法拥有自己想要的一切，但却能决定他们已经拥有的。

能决定气质的灵性不在别处，在我们的内心。

一个人能够获得的，正是自己思想的真正效应。有了奋发进取的意识之后，人们才会懂得什么是征服，并有所建树。

如果他改变不了自己的思想意识，就只能深陷衰弱和愁苦之中。有人说，上帝让人来统治世界，实在是给我们的一份厚重礼物。可是对这种特权，我实在不感兴趣。

我只希望能获得掌控自己的能力。能掌控我的恐惧、内心和精神世界。我深知，我在这方面的成绩依然不错。不论何时，我都这样想：我只需控制自己的行为，就能控制自己的反应。

所以，请让我们学习威廉·詹姆斯的话：

把感伤者的内心感觉由惧怕变为积极进取，那么，内心的苦闷就会转化为身外的福祉。

让我们为物质上的快乐和精神上的富足欢庆吧！

已故的西贝尔·派屈吉那10条"只为今天"的信条，今时今日仍十分吸引人：

1.只为今天，我要快乐。正如林肯所说："大部分的人，只要有所决断，都会很快乐。"这句话是对的，快乐来自内心，而不是外在之物。

2.只为今天，我要让自己适应所有，而不去尝试调整一切来满足自我。我要以这种态度来面临我的家庭、事业和运气。

3.只为今天，我要爱护我的身体，不损伤和漠视它，并且要多加运动，照料和珍惜它，使它能为我争取成功提供保障。

4.只为今天，我要加强思想，学一些有用的东西，绝不胡思乱想。我要认真思考，更要集中精神看书。

5.只为今天，我要用三件事来锻炼我的灵魂：我要为别人做一件好事但不让他知道，我还要做两件我并不想做的事，因为这就像威廉·詹姆斯所说的，为的是锻炼。

6.只为今天，我要做个受人喜欢的人，修饰外表，衣着尽量得体，说话不高声大气，举止优雅，对别人的毁誉不放在心上。对任何事情都绝不挑三拣四，也不干涉或教训他人。

7.只为今天，我要试着不再想太多的问题。不要企图把我一生的问题一次性解决。因为，虽然我能一整天连续做一件事，但我不能将一辈子的事在一天解决。

8.只为今天，我要订立计划。我要写下每个钟点的任务。虽然我不一定会完全照做，但还是要有所计划，这样至少可以避免两种错误：过分仓促和踌躇不决。

9.只为今天，我要为自己预备安静、轻松的半个钟头。在这半个钟头里，我要使我的生命接触阳光。

10.只为今天，我要克服心中的畏惧。尤其是不要畏惧快乐。我要去欣赏一切的美，去爱，去相信：我爱的那些人也同样爱我。